# 鸟类杂记

陈斌 著

燕山大学出版社

# 自 序

《鸟类杂记》这本书是对自然的进一步致敬，也是对 80 后童年时光的美好回忆。

在《鸟类杂记》的旅程中，我们将从鸟类的基本定义和分类学启程，逐一揭开它们形态的多样性、行为的复杂性，以及它们与生态环境和谐共生的秘密。书中将详细阐述鸟类的生活史，深入分析它们如何通过飞行、觅食、求偶和筑巢等行为适应并塑造了周围的世界。

本书深入探讨鸟类与人类之间错综复杂的关系，从文学到音乐，从绘画到舞蹈，鸟类一直是艺术家们灵感的源泉。本书关注鸟类如何与环境相互作用，并在生态系统中扮演关键角色。面对人类活动对鸟类带来的挑战，书中将讨论如何采取有效的科学管理和保护措施，以保护生态环境。

作为博物杂记三部曲的第二部，本书不仅是《植物杂记》的延续，也是对未来《昆虫杂记》的铺垫，三部曲构成了一个完整的自然探索之旅。它们承载着我对自然世界的热爱，对科学探索的执着，以及对未来一代的期望。

在此，我要将这本书献给我的女儿，即将上初中的陈奕涵同学。愿《鸟类杂记》能够陪伴你的成长，激发你对自然的好奇心，培养你对生命的敬畏心，以及对世界的爱心。

陈 斌

2024 年 6 月

# 目 录

鸟类我分析 ················································· 1
  什么是鸟类 ··············································· 1
  鸟儿有分类 ··············································· 3
  鸟儿名不同 ··············································· 6
  鸟儿怪字各不同 ··········································· 8
  鸟儿有几种 ·············································· 11
  鸟类有兴衰 ·············································· 13
  鸟儿有大小 ·············································· 16
  鸟儿寿命不同 ············································ 18
  鸟儿翅不同 ·············································· 21
  鸟儿飞行不同 ············································ 24
  鸟儿羽毛不同 ············································ 26
  鸟儿羽色不同 ············································ 29
  鸟儿没牙齿 ·············································· 32
  鸟儿喙不同 ·············································· 34
  鸟儿爪不同 ·············································· 37
  鸟儿嗅觉各不同 ·········································· 39
  鸟儿声音各不同 ·········································· 41
  鸟儿惊飞各不同 ·········································· 44

| | |
|---|---|
| 鸟儿智商有不同 | 47 |
| 雏鸟有不同 | 48 |
| 鸟儿卵不同 | 50 |
| 鸟儿雌雄不同 | 52 |
| 鸟儿求偶各不同 | 54 |
| **鸟儿的生活** | **58** |
| 鸟类会睡觉 | 58 |
| 鸟儿会洗澡 | 60 |
| 鸟儿会伪装 | 63 |
| 鸟类用工具 | 66 |
| 鸟儿会社交 | 69 |
| 鸟儿会筑巢 | 70 |
| 鸟儿有家庭 | 73 |
| 鸟儿领地战 | 75 |
| 鸟儿和寄生 | 77 |
| 鸟儿划范围 | 79 |
| 鸟儿有互助 | 81 |
| 鸟儿也度夏 | 82 |
| 鸟儿也越冬 | 84 |
| **鸟儿和人类** | **87** |
| 人类的影响 | 87 |
| 鸟儿报天气 | 90 |
| 鸟儿报地震 | 92 |
| 鸟巢人工造 | 95 |

餐桌上的鸟 …………………………… 97
蛋先？鸡先？ ………………………… 100
鸟儿和穿 ……………………………… 102
鸟儿和电线 …………………………… 106
鸟儿和风力发电 ……………………… 107
鸟儿和护卫 …………………………… 109
鸟儿有剧毒？ ………………………… 112
鸟类与传染病 ………………………… 113
鸟类有生肖 …………………………… 115
鸟类和战争 …………………………… 122
鸟类和国家 …………………………… 124
鸟类有入侵 …………………………… 126
鸟类和光污染 ………………………… 129
鸟类的招引 …………………………… 130
鸟类的驱赶 …………………………… 133
鸟类语言的破解 ……………………… 136
鸟类和环志 …………………………… 138
鸟类的救助 …………………………… 141

鸟儿与世界 ……………………………… 144
鸟儿和昆虫 …………………………… 144
鸟儿和蛇 ……………………………… 150
鸟儿和植物 …………………………… 153
鸟儿和动物 …………………………… 156
鸟儿和猫 ……………………………… 159

**鸟类和学科** ········································· 162
    鸟类和物理 ····································· 162
    鸟儿和化学 ····································· 165
    鸟类和医学 ····································· 167
    鸟类和仿生学 ··································· 169
    鸟儿与文学 ····································· 173
    鸟儿与音乐 ····································· 174
    鸟儿和绘画 ····································· 176
    鸟儿和舞蹈 ····································· 179

**附录** ················································· 181
    五峙山拍鸟 ····································· 181
    蒙面群舞的黑脸琵鹭 ····························· 183
    神话之鸟的回归——中华凤头燕鸥 ··············· 185
    比麻雀更常见的白头鹎 ··························· 186
    学舌王者——八哥 ······························· 190
    不是所有的大雁都叫大雁——豆雁 ··············· 192
    三栖绅士——黑水鸡 ····························· 193
    小燕子的"十万个为什么" ······················· 196
    守株待兔的苍鹭 ································· 197
    打洞工程师——普通翠鸟 ······················· 199
    鸳鸯 ············································· 202
    水上飞的小䴙䴘 ································· 205
    小精灵——暗绿绣眼鸟 ··························· 206
    枝头的歌者——大山雀 ··························· 207

戴胜——桂冠之鸟 ………………………… 209
无处不在的夜鹭 …………………………… 211
红隼——城市中的猛禽 …………………… 212
附图 ………………………………………… 214

# 鸟类我分析

## 什么是鸟类

我小时候被"什么是鸟类"这个问题长期困扰,长大以后在各种各样的书里发现,这个问题往往只有一句话的答案,最多是一段话的定义,因此在这本《鸟类杂记》的开头充分介绍一下什么是鸟类显得尤为重要。

在大多数书里,鸟类的定义通常是这样的:鸟类是一种身体表面覆盖着羽毛,有翅膀,善于飞行,具有肺和气囊,能进行双重呼吸,具有发达的感觉和神经系统,恒温(体温通常为42℃左右),卵生的高等脊椎动物。

鸟类卵生,但一些爬行动物和特殊的哺乳动物也是卵生。鸟类会飞行,蝙蝠和某些昆虫也拥有飞行能力。鸟类和其他生物最大的区别就是羽毛,这是所有鸟儿的共同特征,即使是一些不会飞翔的鸟类,比如我们熟悉的鸵鸟和企鹅,它们也一样拥有羽毛。

除此之外,鸟儿还有一些其他特征。它们的骨骼跟其他动物都不一样,很轻,完全适应了飞行的需要。同时为了飞行,鸟儿具有双重呼吸。鸟和人一样有四腔心脏,拥有强大的适应能力。气囊本身并没有气体交换的作用,其作用是贮存空气,使吸入的空气两次通过肺,保证肺充分地进行气体交换,协助肺完成双重呼吸，为飞行提供充足的氧气。

鸟儿和哺乳动物有些类似，是恒温动物，无论外界的温度发生怎样的变化，它们都能保证恒定的体温。而羽毛是它们最好的隔热外套，它们凭借厚外套来抵御严寒的入侵，保存自身的热量。至于鸟儿是怎么度过整个冬天的，后面有专门的章节来解读。

这本书和笔者的《植物杂记》结构大体相同，我将鸟类生活、鸟儿和人类的爱恨情仇以及鸟与各个学科之间的关系，一一展现在你的面前。

本书附录部分是和舟山有关的一些特殊鸟儿和常见鸟儿的记录，在长江中下游地区常见的鸟儿我也讲了一部分，通过认识身边的鸟儿，由此开展各种各样的观鸟活动来了解鸟，了解自然，了解生物多样性。

红耳鹎

## 鸟儿有分类

鸟儿的数量，有人估计为1000亿到1500亿之间。鸟儿由于其高机动性，对环境的适应能力很强，分布也很广，河流、湖泊、海洋、高山，哪儿都有鸟儿。可以说鸟是地球上数量多、分布广的大家族之一。

现在把鸟儿做一个分类，要怎么分呢？有一种分类是根据对现实鸟类和化石鸟类的综合研究，把鸟纲分为今鸟亚纲和古鸟亚纲，白垩纪的古鸟类和现存所有鸟类全部归于今鸟亚纲。

古鸟亚纲为化石鸟类，是已灭绝的类似爬行动物的原始鸟类，代表是始祖鸟。始祖鸟生活在1.5亿年前，全世界发现的4个始祖鸟的骨架化石和1个羽毛化石标本都在德国。始祖鸟的身体像乌鸦，具有爬行类和鸟类的特征，它与爬行动物相似，有牙齿，胸骨也不发达；又有一些鸟类的特征，全身长着羽毛，前肢已变为翼，有V形锁骨，有腰与后肢。

后来，人们又多次发现了9500万年至6500万年前晚白垩纪时期的鸟化石，辽西鸟是其中的代表。令人遗憾的是，在这中间缺少一个连接的关键"链条"，即1.5亿年至9500万年前这一阶段的鸟化石。1993年在辽西发现了年代仅次于始祖鸟的孔子鸟。目前发现的始祖鸟、孔子鸟、辽西鸟化石形成了完整的进化链条，三者在地球上出现的顺序是：始祖鸟→孔子鸟→辽西鸟。

孔子鸟是群居的鸟类，化石已经发现了上百块。孔子鸟原产于早白垩纪，比始祖鸟晚些，但比始祖鸟要进化得多，已经有了角质喙，飞行能力也比始祖鸟要强得多，是现在鸟类的直接祖先。

现存的鸟儿按鸟类的形态与生活习性可以分为以下几类：

走禽类。这类鸟的嘴形状扁短，在沙漠和草地上生活，翅膀几乎完全退化，不会飞翔，双脚强大有力，善于奔跑，行动迅速。代表是鸵鸟、鸸鹋、食火鸡等。

涉禽类。适合在沼泽和岸边生活，脚和脚趾特别长，适于涉水行走；因为腿长，势必要低头从水底或地面获得食物，有较长的脖子；休息时常一只脚站立。如丹顶鹤、白鹭等。

游禽类。这类鸟大多在水上生活，脚短，趾间有蹼，嘴阔而且扁平，善于游泳和潜水，擅长在水中获取食物。代表是雁、鸭、天鹅等。

陆禽类。主要在陆地上栖息，有坚硬的喙和强有力的腿，有适合挖土的钩爪，翅膀短小，不善于长距离飞行。雄鸟性好争斗，腿上生有距，距是争斗时的有力"武器"；雌雄羽色多数不同。代表是鹧鸪、马鸡、环颈雉等。

攀禽类。大多数生活在树林中，最明显的特征是脚趾两个向前，两个向后，善于攀缘树木。攀禽类当中，有专吃树干里害虫的啄木鸟，有吃毛虫的能手杜鹃，还有常年生活在水边以捕捉水中小动物为食的翠鸟。

鸣禽类。这类鸟数量最多，占到世界鸟类总数的五分之三。它们个头比较小，特点是擅长鸣叫，能做精巧的窝巢，代表是百灵、画眉、缝叶莺、织布鸟等。

猛禽类。一般体形较大，嘴和爪很锐利，翅膀强大有力。有的猛禽翱翔能力很强，能巧妙地利用上升气流，长时间盘旋在高空；性情凶猛，专门捕食其他动物。鸢、游隼、秃鹫、鸮等都是典型代表。

按鸟类的迁徙习性分类是另外一种方法，主要分留鸟和候鸟两类。

留鸟终年留居于其栖息区以内，一般栖息于同一地域，或者仅沿着山坡短距离迁移，乌鸦、喜鹊、麻雀等都是我们熟悉的留鸟。

候鸟是一年中随着季节的变化，定期沿相对固定的迁徙路线，在繁殖地和越冬地之间作远距离迁徙的鸟类。候鸟的迁徙通常为一年两次，一次在春季，一次在秋季。春季的迁徙大都是从南向北，由越冬地区飞向繁殖地区；秋季的迁徙大都是从北向南，由繁殖地区飞向越冬地区。迁徙途中，候鸟还要多次在合适的地区作短暂停留。候鸟每年迁徙的时间和路径很少变动，但各种鸟类迁徙的途径不相同。雁类、鹤类等大型鸟类在迁飞的时候，常常集结成群，排成"一"字形或"人"字形的队伍来减小阻力；而家燕等体形较小的鸟类则组成稀疏的鸟群；猛禽在迁徙时常常单独飞行。绝大多数鸟类在黄昏或夜晚进行长距离迁飞，以躲避天敌的袭击，如家燕、大雁、野鸭、天鹅等，特别是食虫鸟类；猛禽大多在白天迁飞。

旅鸟是很特殊的一类候鸟。候鸟迁徙时，途经某一地区，但不在该地区繁殖或越冬，这些鸟类就被称为该地区的旅鸟。

迷鸟是由于狂风或其他气候原因，偶然偏离正常栖息地或在迁徙途中偏离迁徙路线到达其他地方的鸟。我们在台风到来前和离开之后的两三天内守候在海岸边，就会看到那些被大风刮来的鸟儿。

漂鸟（漫游鸟）是一类特殊的存在。它们一般没有固定栖息场所，往往在同一地区的不同环境区间移动，随食物变化而改变栖息地，如啄木鸟和山斑鸠等。不少猛禽和海洋鸟类中有漂鸟。部分海洋鸟类就是最有特点的一类漂鸟，在海岸上，它们行踪不定，追随鱼群而变换栖息地。

## 鸟儿名不同

形形色色的鸟儿，我们要如何区分、如何研究呢？定名是第一步，我们发现各种各样的鸟儿即使属同一种，在不同的地方也有不同的俗名。那么在全世界范围内如何将其标准统一、名字统一呢？

这又要说到鸟类的拉丁学名。1753年，卡尔·林奈的《植物种志》一书中，建立了动植物的双名命名法，对动植物分类研究的进展有很大的影响。虽然起初研究对象是植物，但是这种命名方法适合于所有的物种。所谓的双名法，是指每个物种的学名由两部分构成，即属名和种加词。属名由拉丁语或希腊语化的名词形成，种加词一般是拉丁文中具有描述性的词。前面一个就相当于中文里的姓氏，它属于某一个大类，后面的种加词用于彰显它自身的存在。有名有姓，它就是地球上独一无二的了。

举一个简单的例子，黑水鸡的学名是 Gallinula chloropus。"Gallinula"表示黑水鸡是黑水鸡属动物，"chloropus"则形容了它带有点绿色的足。大多数情况下，鸟类命名的种加词是用鸟类颜色特征的相关词语来命名的。以金额雀鹛（Pseudominla variegaticeps）为例，该物种是以其多样的头部羽色特征的描述来命名的。金额雀鹛是中国特有的鸟种，由中山大学任国荣教授命名，它是第一个由中国鸟类学家命名的鸟种。

**黑水鸡的双名法命名**

| 黑水鸡 | Gallinula | chloropus |
|---|---|---|
| ↓ | ↓ | ↓ |
| 中文名 | 属名 | 种加词 |

行为特征也是鸟类命名的重要依据。吸蜜蜂鸟之所以有这个名字，是因为它会将自己长长的喙深入到花蕊中进行取食。它们的种加词描述了它们独一无二的行为特征。

还有用发现人的名字来命名某种新发现的鸟类的，以表彰他对鸟类学研究的贡献。约翰·古尔德（John Gould）是19世纪英国的鸟类学家，撰有41部鸟类学著作，至少有24种鸟类是以约翰·古尔德（以及他的妻子伊丽莎白·古尔德）的名字来命名的。2015年我国报道了一个鸟类新种，同时也是中国本土特有物种——四川短翅莺（Locustella chengi）。四川短翅莺的种加词被人们指定为 chengi，是为了纪念中国现代鸟类学奠基人郑作新（Cheng Tso-hsin）院士，四川短翅莺成为首个以中国鸟类学家的名字来命名的鸟类新物种。

在少数鸟类分布非常狭窄的地域通常以发现地来命名。中

## 鸟类杂记

国广西弄岗国家级自然保护区内发现了弄岗穗鹛（Stachyris nonggangensis），这是画眉科穗鹛属的一种鸟，被广西大学周放教授和蒋爱伍博士于 2008 年描述为新物种，其种加词即是这种鸟类发现地——弄岗的拼音（Nonggang）拉丁化用语。

鸟类命名的故事和规则当然不仅仅只限于这些。要是你对这个感兴趣，可以去找《常见鸟类的拉丁名》这本书，这里面有 3000 多个鸟类学名词背后的故事，收录了超过 3000 个拉丁词语，深入讲述了 11 位伟大的博物学家和鸟类学家的故事，书中的"鸟类档案"专题还介绍了署名背后隐藏的历史故事，既有令人拍案的趣闻，也有和命名相关的研究成果，深入浅出，值得一读。

## 鸟儿怪字各不同

第一次接触到专业书籍的时候，相信不少人有一种感慨，就是鸟字旁，加一个常见字，就可以组成好多字。

下面来看一组字，我标注了拼音：鸢（yuān）、鸤（shī）、鸥（ōu）、鸧（cāng）、鸨（bǎo）、鸩（zhèn）、鸪（gū）、鸫（dōng）、鸬（lú）、鸭（yā）、鸮（xiāo）、鸯（yāng）、鸰（líng）、鸱（chī）、鸲（qú）、鸳（yuān）、鸴（xué）、鸵（tuó）、鸶（sī）、鸷（zhì）、鸸（ér）、鸹（guā）、鸺（xiū）、鸻（héng）、鸼（zhōu）、鸾（luán）、鸿（hóng）、鹀（wú）、鹁（bó）、鹂（lí）、鹃（juān）、鹄（hú）、鹆（yù）、鹇（xián）、鹈（tí）、鹉（wǔ）、鹊（què）、鹋（miáo）、鹌（ān）、鹍

(kūn)、鹎（bēi）、鹏（péng）、鹐（qiān）、鹑（chún）、鹒（gēng）、鸢（yuān）、鹔（sù）、鹕（hú）、鹖（hé）、鹗（è）、鹘（gǔ）、鹙（qiū）、鹚（cí）、鹛（méi）、鹜（wù）、鹢（yì）、鹞（yào）、鹟（wēng）、鹠（liú）。

看了上面的这些，是不是发现这些字基本都是形声字？读半边大体可以读个八九不离十。在《新华字典》中，以"鸟"为偏旁部首的汉字超过 100 个；在《古汉语字典》中，以"鳥"为偏旁部首的汉字超过了 300 个；我们要是将这个范围再扩大一圈，去《康熙字典》找一下，那么数字就会超过 900 个。有些字太过生僻，可能在我们常见的输入法里也不一定能够找到它们的输入途径。这些字都是怎么来的呢？

要知道古人发现和鸟相关的生物，都想赋予它们一个独特的名字，这个时候就通常依据它们的体形大小、羽毛的颜色、常规动作以及生活习性，进行一个大致的分类，并以此作为命名的依据。这是我们之所以在鸟类的名字中发现形形色色的鸟字旁生僻字的原因。

我们最常见的白鹭名字里的"鹭"，鸟偏旁上面有个马路的"路"，而"路"这个字在古代汉语里有大的意思，因此古人用"鹭"这个字来形容比较大的水鸟也就无可厚非了。

由于鸟类的种类相当多，古人对于鸟类并没有准确、合理的分类学知识，对鸟类的了解并不深入，也没有系统的命名规则，可能有些人仅仅凭借某些特点就给它加一个独特的名。

古汉语中有不少鸟类名字并不为现在的人们所熟知，于是使用现代、传统的俗名来替代。很少人会知道鸲鹆（qúyù）是

鸟类杂记

一种什么鸟,其实它就是我们常见的八哥。这种情形持续了很长的时间。直到20世纪,西方的分类学传到了中国,我们为了准确地给鸟命名,又开始从各类书籍中重新翻找出特定的文字来给它们命名。

为了给鸟类命名,这些古书中的生僻字就被再次启用,发挥了很大作用。下面我们就通过几个特殊的字来举例子,说明我们是如何用字准确描述一种鸟儿的。

鸫通常是一种比较小的鸟儿。羽毛颜色的五彩斑斓是它们共同的特征,它们的配色通常是鲜艳跟灰色互相混搭,配色的高级感绝对拉满。山蓝鸫的蛋都是高级蓝,蓝得与众不同。

鹀是形体很小的鸟类的一个科名,这种鸟的共同特点是非常萌。它们的喙呈现圆锥状,异常尖锐,很奇怪的是它们把嘴紧紧闭上的时候,会有一条明显的缝隙,这也是它们的显著特征。黄胸鹀是其中的代表,它们曾经是餐桌上的美食,现已成为濒危物种。

鹬(yù)这个字似乎有些陌生,但一提到鹬蚌相争,你就会露出恍然大悟的表情。这是一类在水边生长的鸟儿,特点是腿长、脖子长,适合在水边的沼泽地带觅食。

鹮(huán)的代表朱鹮,它是这几年的明星鸟种。不少纪录片和报道里都有它的身影。在美洲还有一种红鹮,全身红色,是鹮氏鸟类家族里的当红小生。

䴙䴘(pìtī)这两个字应该是我们比较陌生的了。它们是一种小型水鸟,在水上以芦苇和水草为食,在后面的篇章里会重点介绍。水面上常见毛茸茸的一团就是小䴙䴘。要是你看到头上插了把扇子的,那是另外一种,名凤头鹏鹍,它们可是国家二级保护动物,很少见。

## 鸟儿有几种

世界上的鸟儿有多少种,这个问题的答案并不确定,可以大致确定的是现在世界上有1万多种鸟,这一点大家已达成共识。但由于对物种的定义不同,不同的鸟类名录所记录的鸟儿种类数量存在差异。而且这个数量差距还是相当大的,最多跟最少差了接近1000种。

那中国有多少种鸟儿?《中国观鸟年报"中国鸟类名录"》(第10.0版)共收录中国鸟类1501种,隶属于26目109科497属,其中包括我国特产鸟类93种。近些年来,我国新发现的物种也被陆续收录到了该名录当中。部分鸟类原本并不属于中国范围内的传统分布,其出现可能和全球气候变暖存在一定的关系。部分曾经是以迷鸟身份出现的鸟类,目前已经在中国发现了野外种群,这是一个值得重视的动向。在中国有些地方观察到的鸟类,并不属于中国原本就存在的鸟儿,这一典型的例子是原产于大洋洲的黑天鹅。它们虽然在野外被我们发现,但是这不能证明它们会形成一定数量的野外种群,可能还需要一定的时间来观察它们的数量变化。

中国大范围的鸟类种类名录若干年修订一次,而浙江在这方面的工作就做得相对较好。2021年,浙江省新增了12种鸟类的记录。既有部分原本在我国东南、华南地区分布的鸟类首次进入浙江，还有部分原来分布在我国西北地区的鸟类。浙江舟山还出现了只在台湾有繁殖记录的蓝脸鲣鸟，这是十分罕见的记录。家鸦是一个很神奇的物种，广泛分布在南亚和东南亚，在中国一些地方曾经是很常见的留鸟，2021年在宁波的发现也刷新了浙江的记录。一个多月之后，舟山发现了5只的稳定小种群，证明它们的扩散并非个例。繁殖于我国新疆西部的草原鹞在浙江被发现，该鸟属于迷鸟。

　　鸟儿种类的增多并不是说新增种类原本就不存在。我们发现它们的途径不少。一是由于近些年来浙江省内迁徙水鸟同步调查、县域野生动植物资源本底调查等各类生物多样性调查和鸟类研究、调查活动广泛开展，越来越多的鸟儿在这个过程中被发现。观鸟拍鸟活动开始深入，观鸟者、拍鸟者的数量猛增，记录更加频繁，对鸟类的辨识力不断提高。通过互联网的后台数据和专家的后期记录，大量的鸟类记录不断被刷新。有些特殊的少见的鸟种都是在救助的过程中被发现的。2017年在台州路桥救助的白额圆尾鹱、2021年6月在舟山救助的蓝脸鲣鸟就是典型的例子。

　　二是鸟类自身也会发生一定的变化。在生存受到威胁时，由于自身生存需要，鸟儿也会发生一定的迁移，国内很多种鸟类都有南迁或者北扩的行为。全球气候变暖使得中国南方地区的鸟类逐渐向北方扩散。鸟类自身的动态变化不断证明，它们也在逐步向着更适合自身发展的区域移动，不断适应新的生态环境。

　　在舟山，根据我的记录和近年来数据分析所得到的结果，目前有 385 种鸟。这个数量在全省各市里应该是名列前茅的。它们中大多数都是舟山的过客，得益于舟山得天独厚的地理条件，不少鸟儿迁徙都会路过舟山，它们将其作为中转站，要么南下，要么北上。因此舟山有这么多鸟类也就不奇怪了。

## 鸟类有兴衰

天空中展翅翱翔的鸟儿，在亿万年前是不是也照样飞过？在那个时候是不是也有如此种类繁多的鸟？虽然现在鸟类是脊椎动物中种类数量仅次于鱼类的第二大类群，但其在进化繁殖的过程中并不是一帆风顺的。

鸟类的祖先是谁？假说是很多的，从时间早晚分析起来大体有三个学派的假说。第一个学派认为鸟类是从鳄鱼一类的动物进化而来的，第二个学派认为是从侏罗纪时期的槽齿类爬行动物的一支进化来的，第三个学派也是通常被认可的，认为鸟类起源于一种能够快速奔跑的恐龙。恐龙在剧烈的奔跑中扇动前肢以提高奔跑的速度，在这漫长的岁月里，它们身上的鳞片逐渐变长变大，发展出了羽毛。也有人认为它们是借助树木的高度先进行滑翔飞行，到了最后才发展出了拍打翅膀、振翅而飞的本领。这两个观点一直存在争论，在没有找到更多的证据之前，我们就将二说并存吧。

化石是研究鸟类起源最好的证据，但是它们的化石很难被找到。之所以很少发现鸟类的化石也是有原因的，它们的骨骼比较脆弱，形成化石的机会少得很。

鸟类杂记

始祖鸟想象图

　　最典型的鸟类化石是在德国发现的，第一个具有羽毛的古鸟化石后来被命名为始祖鸟，它的上下颌有牙齿，头骨如同蜥蜴，有1条由20多节尾椎骨组成的长尾巴。从它的结构特征来看，它具有爬行类向鸟类过渡的综合特征。人们一度以为始祖鸟化石来自拼接之作，后来又发现了类似的标本，证明了它们的存在。对始祖鸟化石的分析显示，始祖鸟的脚与现代鸟类大不相同，更接近于兽脚类恐龙。最明显的特征是它的第二个脚趾可以过度伸展。此外，始祖鸟的第一个脚趾向内生长，不像鸟类的脚趾那样向外伸展，与小盗龙、鸟脚龙等恐龙的脚部几乎一样，颌骨向四方放射生长，有明显的兽脚恐龙遗传特征。这些化石表明始祖鸟并不能站在树上，而是跟大多数的恐龙一样是站在地上的。但也不排除它们可以站在树上，从树上一跃而下，进行滑翔。

　　恐龙蛋化石也侧面说明鸟类起源于恐龙。这是因为鸟蛋和恐龙蛋化石非常相似。作为中生代的"主宰"，恐龙繁育后代的方式与当时的大多数动物一样，都是"卵生"。但不同的是，恐龙产蛋时采用了当时最先进的、由爬行动物首创的"羊膜卵技术"。最外层的卵壳与现代鸟类的蛋壳类似，主要由钙质结晶物和蛋白质纤维基质相互作用形成一个有层次的三维结构，类似于人类的胎盘，中间存在不同形态的气孔道，是胚胎与周围环境进行气体交换的直接通道。胚胎靠蛋壳内的卵黄和卵白提供的营养物质进行发育。等到里面的个体发育成熟后，小宝宝就会破壳而出。

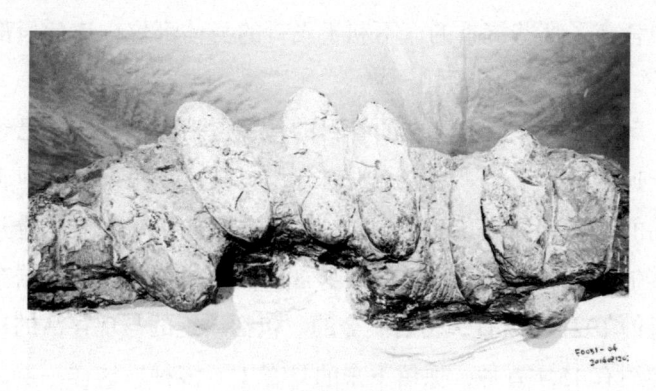

恐龙蛋化石实物

始祖鸟化石的发现具有重要意义，但始祖鸟是否为现代鸟类祖先的问题有待证明。20世纪八九十年代，在辽宁省西部发现了一系列重要化石，白垩纪时期著名的孔子鸟、会鸟、热河鸟等中国辽西的热河生物群种被集中发现，为鸟类起源问题的解决带来了新的曙光。

白垩纪鸟类进化达到了新的水平。有些鸟类的牙齿已经丧失了，尾巴缩短，所有的一切都更加有利于它的飞行。更多的鸟类化石的发现都证实了这一进化过程，在亚洲、南美洲、大洋洲和欧洲等地都发现有鸟类化石，种类高达35种。

到了后来，恐龙走向了灭绝，其中的一支变成了鸟儿飞上了蓝天。鸟类的大发展开始了，它们为了能够更好地飞行，不断优化其自身的结构。飞行是一项较为特殊的运动，鸟类的躯体进化成了适合飞行的流线型；飞行也是一项需要付出高能量代价的运动，鸟类增强了翅膀、胸肌部位的功能，又改进了自身的呼吸系统，以便持续提供飞行能量。同时，鸟类在进化过程中舍弃了那些沉重的、不利于飞行的身体部位，连牙齿都抛去了，减重达到了极致。

后来，几乎所有现在的各目的鸟（包括雀形目）都已经存在于这个世界上了。它们都没有牙齿，却可以很好地适应各种不同的环境。与哺乳动物不同，鸟类主要向空中发展，避开了与其他物种的生存竞争，形成了自身独特的竞争优势。据布罗德科伯1971年统计，自古至今的（包括灭绝的与现存活的）鸟类共约有15.4万种，保留下来的只有1万多种。这样一看，大多数的鸟类都已经泯灭在历史的长河里了。现存的种类还有不少处在濒危的境地，等着我们去保护和拯救。

## 鸟儿有大小

世界上最小的鸟应该是蜂鸟，它们生活在中美洲和南美洲，种类高达600多种。蜂鸟里最大的是巨蜂鸟，也不过20多厘米长。最小的称为闪绿蜂鸟，生活在墨西哥和阿根廷，它比黄蜂还要小，只比蜜蜂稍微大一点儿。这种蜂鸟体重只有 2 克，身体全长不过 5.79 厘米，其中细长的嘴和尾却占了 4 厘米，若是去掉嘴和尾，身长只有 1.79 厘米。蜂鸟会在树枝或树叶上筑巢，筑成的巢当然也很小巧，只有胡桃那么大。鸟蛋就更小了，约 0.2 克重，只有豌豆那么大。别看蜂鸟身材这么纤小，脑袋可发达着呢。小小的脑瓜占到了整个体重的 1/30，比人脑占人体重量的比例还大，蜂鸟聪明也就不奇怪了。蜂鸟活力很强，每秒钟要拍打翅膀约 60 次，放置在手掌上的蜂鸟有时还会由于惯性不断原地打转呢。有时，它会来个特技表演，一动不动地悬停在空中，仿佛站立在一个无形的支柱上。

悬停中的蜂鸟

蜂鸟凭借悬空定身的绝技，用它那细长的尖喙，将舌头伸进倒挂的金钟花深处，来吸取花蜜。这是它最爱吃的，也是它主要的食料。蜂鸟舌头的构造像喝汽水的管子，自带一个小水泵。它在飞行的时候，会发出蜜蜂般的声音，加上它体形和蜜蜂很像，又喜欢吃甜食，因此叫它蜂鸟。蜂鸟个头虽小，却勇猛善斗。比自己大几十倍、几百倍的猛禽，蜂鸟都毫不畏惧。小小的蜂鸟可以斗败凶猛的山鹰。它用那钢针般的尖嘴，瞄准山鹰的眼睛猛啄，顿时山鹰被啄瞎眼睛，仓皇而逃。

至于最大的鸟，美国研究人员在美国的南卡罗来纳州发现了一种生活在距今2800万年至2500万年的鸟的化石，这种鸟叫作桑氏伪齿鸟（Pelagornis sandersi），估计翼展可以达到7.3米，是现存最大的鸟皇家信天翁翼展（3.5米）的2倍。这是一个了不起的物种。它让我们了解到了鸟类翼展的极限，同时也补充了进化树中的分支，能发现它真是太让人兴奋了。可惜，它已经灭绝了。人类已知的第二大的鸟（已经灭绝的）是阿根廷巨鹰，它站立时身高超过2米，翼展可达7米，体重约70千克，生活在600多万年前，化石在阿根廷被发现，故名阿根廷巨鹰。

## 鸟儿寿命不同

鸟类由于种类不同，寿命差异也很大。长寿者可以活到60多岁，某些种类据说可以活上100多岁。有记录的长寿冠军是生活于澳洲的一只葵花凤头鹦鹉，1916年去世，终年120岁。要知道大多数鹦鹉只能存活30年左右，所以葵花凤头鹦鹉已经创造了生命的奇迹。

产于美洲热带地区的金刚鹦鹉是羽毛色彩最漂亮最艳丽的鹦鹉，也是体形最大的鹦鹉，寿命能达到65~70年甚至更久。

我们知道的不同鸟类的寿命长短，主要来源于人工驯养条件下的生命记录。迄今为止，有记录的在人工饲养下寿命较长的鸟有：家麻雀 23 岁，紫啸鸫 27 岁，乌鸫 20 岁，金翅 20 岁，黄雀 14 岁，绣眼 13 岁，画眉 15 岁，云雀 15 岁，凤头百灵 16 岁，蒙古百灵 27 岁，家鸽 30 岁，大雁 33 岁，鹈鹕 51 岁，雕 55 岁，猫头鹰 68 岁。

枝头的乌鸫

当然了，这只是在人工饲养条件下的数据。事实上鸟类寿命与其发育的早晚以及自然界的变化、食物的多少、天敌数量的多少等因素都有关。通常来说，性成熟晚的鸟儿寿命较长，反之寿命相对较短。大型鸟类寿命通常较长，而体形较小的鸟类寿命相对较短。同时由于自然界中激烈的竞争、食物数量的限制、天敌的入侵、各类特殊疾病的产生、自然气候的突然改变以及各类意外事故的突发，都会影响到鸟类的生存状况，自然也会对它的寿命产生极大的影响。不少幼鸟会在迁徙的路上夭折，引起较高的死亡率。本地留存下来的留鸟和每年迁徙的鸟类，自然淘汰的概率差别极大，这也是自然界维持其生态平衡所必需的过程。

我们通过分析葵花凤头鹦鹉的生存智慧来破解它们的长寿奥秘。为了适应城市生活，它们学会了在地面上寻找食物的时候，派出一名"哨兵"在一旁守卫望风。由于它们的高智商外加群居性的行为，它们学会了吃各种垃圾堆中的水果、散落的食物，更学会了打开盖上的垃圾箱，主动寻找食物。这个过程完全是流水线作业，它们熟练地用脚抓住垃圾箱，用嘴把住盖子，通过脚步的移动把盖子打开，使其他同伴可以进入里面大快朵颐。这样的过程并不是独自行为，它们轮流执行这样的工作。城中五花八门的垃圾盖对它们而言是一个不小的挑战，但是它们在学习打开垃圾盖的同时，居然表现出了独特的研究精神，充分展现了环境适应力。

开垃圾箱盖的葵花凤头鹦鹉

任何一种鸟只要拥有了更好的环境适应力，就可能获得更强大的生存力。野外生存的鸟类和家养的鸟类相比，寿命要短，家养的麻雀有23年寿命，而野生麻雀只有12年寿命。而且并不是所有地区的鸟类生存环境都是一样的，不同地区、不同种类的鸟类寿命也是不同的。各种各样的因素都会对鸟儿产生巨大的影响。因此所谓寿命也只是一个大致的年限，并不是一个固定不变的数字。最大的影响因素其实还是人类的行为，人类的捕捉以及影响生态环境的行为都对其正常生存产生了巨大的影响。

## 鸟儿翅不同

  翅膀是鸟儿拥有飞行绝技的首要条件。同样拥有翅膀，有的鸟能飞得很高、很快、很远；有的鸟却只能盘旋、滑翔，甚至根本不能飞。由此可见，鸟儿翅膀的差异就不小。

  辨认不同的鸟儿，尤其是辨识飞行距离较远或在高空中飞行的鸟儿，翅膀的形状是重要的判断依据。鸟类的翅型根据形状可分为尖形（例如家燕）、圆形（例如雉鸡）、方形（例如八哥）三种基本类型。甚至可以进一步分为短圆形（例如凤头鹰、松雀鹰）、宽形（例如蛇雕）、宽长形（例如林雕、白尾海雕）、狭长形（例如白尾鹞）、稍尖形（例如赤腹鹰、灰脸鵟鹰）和尖形（例如游隼）等。大型猛禽（例如雕以及大多数鹰类）飞行时，初级飞羽（翅尖部位）呈现"指状分叉"，这种分叉的数目也可以帮助我们判断猛禽的种类，例如蛇鹫、雀鹰有 6 个，灰脸松鹰、松雀鹰有 5 个，赤腹鹰有 4 个，这让我们可以借助此类特征来辨别飞行距离很远的鸟类。

  从细微处看，鸟类的翼是由一根根的飞羽拼成的。这意味着，鸟类的翅膀形状可以拥有更加灵活的调整空间，在飞行过程中，只需要调整每一根飞羽的形状大小，以及前肢三部分的长短比例。不同的鸟类进化出不同的翼型，以适应复杂的生活环境。根据功能和作用的不同，鸟类的翅膀可分为四种主要翼型。

## 鸟类杂记

椭圆翼由指腕、尺桡、肱骨三节构成,往往比例相当。拥有此类翅膀的鸟的飞行模式几乎都是快起快落——即加速度大,在起飞不久即达到一个比较大的飞行速度,同时不会有太长的滞空时间(相对而言),且飞行中翅膀需要持续拍打。山雀等鸣禽和攀禽是椭圆翼,这是在密林中自由穿梭飞行的最佳选择。椭圆翼是鸟类最为基础的翼型,其他翼型都是在其基础上发展来的。

高速翼和椭圆翼相比,指腕部分骨骼拉长,其余没有太大变化。家燕拥有非常典型的高速翼。对于开阔地带的中小型鸟类来说,高速翼非常实用。刀嘴海雀的翼显然也是高速翼,只是为了适应划水,进化得非常短小,这也使得海雀拥有飞鸟中最高的翼载荷。使用高速翼的极致显然是普通雨燕。

主动滑翔翼是一类非常特殊的翼型,其主要特点是,腕部不长,而尺桡骨和肱骨极长,拥有这种翼型的鸟儿着

椭圆翼

高速翼

主动滑翔翼

被动滑翔翼

生了大量的次级飞羽和较多的三级飞羽。初级飞羽不算长，次级飞羽和三级飞羽短而整齐，使得这样的翅膀展弦比达到了极值，同时翼载荷也降低了。

许多长翼海鸟使用两种飞行技术：动力滑翔和斜坡滑翔。动力滑翔包括反复上升到风中，向下下降，从而从垂直风梯度中获得能量。这种机动方式使鸟能够在不拍动翅膀的情况下，每天飞行近1000千米，因此得名动力滑翔。而斜坡滑翔则是利用了海上大浪迎风侧的上升气流。这类飞行技术使鸟儿在海上长途飞行毫不费力，但也有一些缺点：例如起飞困难、加速慢、拍翅费力等，对于小型陆地鸟类来说不太适用。

广阔的陆地上常有热气流产生，能利用热气流飞行而不是靠自己辛苦地振动翅膀，对于大型鸟类来说是一件十分美妙的事。为了捕获足够的热气流，鸟儿需要尽可能大的翅膀面积。将翅膀拉长，同时保持比较低的展弦比，更适合被动滑翔、翼载荷极低的翅膀类型便诞生了。这类翅膀三节长度比例相当，前端初级飞羽等长，常使翼尖呈现出宽阔的形状。这是我们常见的雄鹰展翅的模样。

拥有这类翅膀的鸟类大多是中大型的陆栖鸟类，尤其是猛禽家族。这些巨大的食肉或食腐肉鸟类常常需要在空中逗留非常久的时间，而且不能飞得太快，以便搜寻目标。在这种情况下，利用热气流不费力地飞行便是最好的设计了。除此之外，鹳也是这一类翅型的典型代表。本类翅膀的优点显而易见，那就是省力，但缺点也非常多，例如起飞困难、飞行被动化等。且对于小型鸟类来说，由于翅膀面积呈平方级数增长，它们难以获取足够的热气流,因此几乎没有中小型鸟类使用这种方法飞行。

讲到这里,鸟类的四种基本翅型与飞行模式就介绍完了,也有许多鸟类拥有自己独特的飞行模式,无法归入任何一个大类。例如虽然蜂鸟的翅型看起来是高速翼,但它的飞行模式却不与任何一种鸟类相同。蜂鸟的指掌骨长而其他两节极短,没有三级飞羽,也几乎没有次级飞羽。其他鸟类拍翅时类似于在空中划桨,前肢骨骼关节弯曲,而蜂鸟除了肱骨与肩胛骨关节活动,其他部位均保持僵直不动,同时高速振动翅膀,其飞行模式与昆虫趋同。

## 鸟儿飞行不同

海阔凭鱼跃,天高任鸟飞。鸟类的飞行是自然界的一个奇迹。同样是鸟儿,飞行差异很大,我们先说一些与众不同的鸟儿。最厉害的当然是类似于永动机的乌燕鸥,它们可以在空中持续飞行相当长的时间,可以在空中进食,可以在空中睁一只眼闭一只眼地睡觉。一般鸟类都是向前飞的,但也有一种是例外。借助特殊的能够高速扇动的翅膀,蜂鸟是唯一可以向后飞翔的鸟类。还有一些鸟就差劲了,连飞行能力都失去了。鸵鸟是其中最典型的代表。根据考证,它们最早也都会飞,经历了"幼态持续"(发育停滞)阶段后,就失去了飞翔能力。

要比较飞行能力,速度肯定是最关键的一方面。在鸟类的世界里,飞得最快的前几名基本都是猛禽。游隼是当今世界上飞行速度最快的动物，其最快速度可以达到每小时387千米。按照这样的速度，它们可以轻松追赶上一列高铁。第二名是身材娇小的尖尾雨燕，它们在巅峰状态下一秒钟就可以飞上100米，爆发力不错，耐久力更可以，一个小时可以飞到350千米之外。它的身材就是为飞行而生的，完全呈现出了流线型，空气阻力降低到了极致。第三名金鹰是鹰类中速度最快的鸟，可以达到每小时320千米的最快飞行速度。当然，它们在空中巡视的时候，不会飞得很快，一般会以每小时48千米的速度巡航，只有在向下俯冲攻击的时候，才会飞出它们的最快速度。

游隼　　　　　　　　　尖尾雨燕

有最快自然就有最慢了。胖墩墩的丘鹬会在求偶的季节以每小时8千米的速度飞行，以便博得异性的青睐。这个飞行速度有多慢呢？你随手折的纸飞机应该都可以飞得比这个速度快。即使迁徙的季节它也飞不快，每小时三四十千米可能是它的速度上限。

## 鸟类杂记

讲了最快和最慢的记录,最高的飞行记录也很值得讲一下。和飞行高度记录相关的都与一个山脉脱不了关系——喜马拉雅山,能飞跃喜马拉雅山的鸟类证明了自己卓越的飞行能力。其飞行高度往往都超过了9千米,因为在天空中剧烈的风速使得它们必须要在超过珠穆朗玛峰的高度飞行才能保证安全。

斑头雁是其中的"超级战斗机"。在高空中,它们飞行时的呼吸降到了一秒钟一次,心跳则上升到一秒钟六次以上。唯有如此,它才能借助自身海量呼吸量,来吸收稀薄空气中极少量的氧气,同时保证自身的身体不被高空的温度所冻僵。

每年迁徙的天鹅也是飞得最高的鸟儿之一。天鹅长颈平直,微微上扬,双翼优雅地扇动,翱翔在万米高空,飞跃珠峰是它们每年都要开展的运动。

这些飞行高度能和战斗机媲美的鸟类都会充分运用上升气流进入万米高空,躲入空气扰动不大的平流层。

## 鸟儿羽毛不同

鸟身上的羽毛不少,大约要超过2000枚。羽毛的功能可不小。羽毛可以像铠甲一样保护着鸟儿,使鸟儿在身体外形成有效的隔热层,使保持自己的体温恒定成为可能。羽毛本身可以保护皮肤,羽毛的颜色和斑纹又起着保护色的作用,羽毛还是鸟类实现飞行的重要结构,有些部位的羽毛还有触觉功能。

如果你是个有心人,观察过鸡鸭的羽毛,就会发现一个真相:其羽毛往往是向前向后,像瓦片一样的,层层叠叠般地排列,并不只是单纯地向后生长,这使得羽毛有了完美的支撑结构,也能使鸟儿飞行更为顺畅。

  鸟儿是不是只有一套衣服呢?答案是它们经常在换衣服。一年两次全身换一遍羽毛的频率是大多数鸟儿的状态。它们之所以要进行羽毛的更换,是因为在日常的生活中,羽毛总会产生各种磨损。我们在观察中发现,即使是它们在日常进行各种自身的保养,还是会出现一定量的损坏,所以进行羽毛的更换是一个很正常的现象。

  鸟类在幼年阶段和成年阶段是完全不同的状态,需要两套不同的羽毛。观察过黑尾鸥的幼年状态和它的成年状态的人,肯定会惊奇于它们的截然不同。幼年的黑尾鸥是一身灰黑的斑点伪装服,站在礁石上通常很难一眼就把它们识别出来。成年状态的黑尾鸥会换上一身黑白相间的服装,和它的幼年时期是完全不同的状态。我在观鸟的初期,就将它们误认为是两种鸟。夜鹭也是这样,它的成年阶段和幼年阶段的两套服装,和黑尾鸥很类似。幼年阶段的夜鹭,也是一身灰黑斑点的迷彩服,只是花纹和样式与幼年阶段的黑尾鸥不同而已。

夜鹭(幼年阶段)      夜鹭(成年阶段)

成年鸟儿进入繁殖季，也是它们换上服装的重要原因。白鹭是一个典型的例子，在繁殖季节它会长出一溜一溜的白色羽毛，看过去就像穿上一身白色婚纱。求偶季节到了，雄性白腹锦鸡就会使出它的看家本领，尾羽的色彩会更加艳丽。

鸟类的羽毛主要分为两种：飞羽和正羽，是鸟类外部的羽毛。正羽让鸟类形成独特的形状，还起隔离的作用，就像一个框架，让鸟类的羽毛形成一个类似于羽绒服的结构。有了框架当然要有填充物，在最里面的绒毛，是鸟类的另一层保暖层。

飞羽细分起来也有好几类，有初级飞羽、次级飞羽、小翼羽、覆羽四类。初级飞羽着生在腕骨、掌骨和指骨上，可以在鸟类飞行时拍击空气，是推力的主要来源，有点像飞机上的螺旋桨；次级飞羽一般指副翼羽，排列成一个曲面，能在翅膀下方制造气流，提供升力，有点像飞机上的襟翼；小翼羽主要长在翅膀的外侧，有点像飞机翅膀上的小翼面，可以对气流起到调节作用，在鸟类慢速飞行时起到辅助调节的作用，避免速度过慢导致下坠。红隼的小翼羽非常强大，使得它们可以用极慢的速度飞行；覆羽是盖在鸟类其他羽毛根部的小片羽毛，它们使整个翅膀表面变得光滑平坦，让空气可以顺畅地流过，有点像涂在飞机翅膀上的特殊涂料，在降低空气阻力的同时，有时也具有一定的隐蔽性。

羽毛是鸟类及其恐龙祖先所独有的，它们进化成令人印象深刻的生物结构，具有令人惊叹的多种颜色和样式。从天鹅雏鸟身上蓬松的羽毛到天堂鸟尾巴上明亮的螺旋，羽毛不仅在肉眼看来引人注目，其复杂的微结构同样令人印象深刻。了解羽毛的解剖结构，可以让我们明白羽毛是如何发挥作用的。尽管羽毛的形态具有令人难以置信的多样性，但它们都由相同的基本部分所组成，以分支结构排列。羽毛的多样性来自这种基本分支结构的微小变化，以及服务于不同功能的进化。例如，许多鸟类羽毛上层叠的尼龙搭扣状结构创造了光滑、柔韧、有弹性的表面，支持鸟类飞行并提供防水功能。绒羽看起来蓬松，是因为它们具有松散排列的羽毛微结构，有柔软的羽枝和相对较长的小羽枝，这些小羽枝将空气困在鸟儿温暖的身体附近。正羽坚硬而扁平，这与细微的结构变化有很大差别；小羽枝上的细小羽毛相互连接，形成防风和防水的屏障，使鸟类能够飞翔并保持羽毛干燥。许多羽毛都有蓬松的绒状区域和更具结构的羽毛状区域。

## 鸟儿羽色不同

鸟儿身上形形色色的羽毛，有的朴素，有的华丽，在所有的脊椎动物中鸟儿的这个特点最为突出。鸟儿羽毛的色泽、纹理都是其他动物难以企及的。人类一直为某些鸟儿色彩斑斓的羽毛而着迷。

每一种鸟都有一个主要的羽毛色彩。羽色以黑色为主的鸟有黑鹳、白骨顶、乌鸦类、河乌、雨燕、黑喉石䳭、黑啄木鸟、燕雀、蜡嘴雀、家燕等。羽色以白色或灰白色为主的鸟有天鹅、池鹭、苍鹭、白鹳、丹顶鹤、牛背鹭、燕鸥等。羽毛以灰色为主的鸟有夜鹭、鸽、灰山椒鸟、灰伯劳、椋鸟、灰鹳、山雀、鸥等。羽色以褐色为主的鸟有野鸭、鸢、鹰、鹞、雀鹰、鹌鹑、秧鸡、鹤、鹬、山斑鸠、百灵、棕头鸦雀、鹪鹩、鸫、蝗莺、麻雀。羽色以绿色为主的鸟有绿啄木鸟、柳莺、红胁绣眼鸟、金翅雀等。羽色以红色、棕红色或栗色为主的鸟有雉类、红尾鸲、金腰燕、棕头鸦雀、太平鸟、红尾伯劳、朱雀、戴胜、寿带鸟、鸭、白喉矶鸫、燕雀、鸲鹟、赤翡翠等。羽毛以黄色为主的鸟有黄鹂、黄腹山雀、黄胸鹀、黄喉鹀等。

羽毛色彩形成的原因说起来有些玄妙，也很好理解，其实就是羽毛上物理结构和凹陷沟纹以及细小颗粒等对光线所产生的折射和干涉作用所引起的色彩变化。我们最常见的蓝紫色或者铜绿色的羽毛在不同光线下会呈现出不同的色彩。不同的视角也会看到不同的色彩变化。这一类鸟羽的淡蓝色主要是依靠这种反应，而不仅仅是色素的缘故。

黑色素是影响鸟类色彩最重要的因素，也是在鸟类羽毛中分布最广的一种色素，黑色、灰色、褐色、红褐色和黄色都是黑色素在起主导作用，而黑色素的来源，主要是黑色素细胞。黑色素颗粒很小，直径只有大约一微米。真黑色素是棒状的颗粒，可以产生黑色、灰色的羽毛，色彩主要集中在羽毛尖端。而褐色素主要产生褐色、红褐色及黄色，主要分布在羽毛的细部。它们都是由不同的黑色素细胞形成的，在实际中，黑色素的种类、形式和食物中各种氨基酸的含量有关。同时在遗传上缺乏某些氨基酸酶的鸟羽会呈现出白化现象，这就是我们在生活中看到白化鸟类的真正原因。我们还可以看到黑化现象，这种现象在大型猛禽中最为普遍，这种黑化通常是因为食物中的核黄素生成过多。黑色素在鸟类的羽毛中最多也是有道理的，黑色羽毛可以阻止日光中紫外线对鸟类身体的伤害。通过观察可以发现生活中能够看到的大多数鸟类以黑色和黄色为主。

另外一种是脂色素。最常见的就是胡萝卜素，红橙黄紫等多种颜色都是由它产生的。还有一种是卟啉色素，可以产生红绿褐色，但是这一类色素对外来的光线很敏感，容易产生褪色现象，它需要依靠鸟类摄入不同的食物转化合成，不像黑色素那样，来源于自身的黑色细胞，从而较为稳定。我们在鸟类的羽毛上还可以看到红化现象，这种红色素偏多的结果通常在鸡鸭类中相对常见。当然还有和红色相关的羽毛红素和虾青素，都有使鸟类羽毛变色的效果。有科学家在实验中用含有辣椒红的红辣椒喂金丝雀，发现可以使正在生长中的羽毛羽色发红，这是一个非常神奇的现象。这也证明了羽毛颜色并不是一成不变的，会伴随着食物的摄入有所不同。

通常来说，不同因素共同起作用，对鸟类羽毛的外观产生重大的影响。即使是同一种鸟的羽毛颜色也存在差异，羽色鲜亮的鸟儿通常是雄鸟，雌鸟羽毛就相对显得灰暗一些。这就要说到羽毛的另外一种作用——雄鸟需要鲜艳的体色吸引雌鸟，来完成繁衍后代的工作。雌鸟通常会选择羽色鲜艳的雄鸟来共同繁育下一代。羽色鲜艳的雄鸟向雌鸟发出信号：自身的营养丰富，身体健康，可以为下一代提供优质营养，是优质遗传基因的好选择。

鸟类颜色的变化，一般认为是它们适应环境的结果，以此减少被天敌发现的概率，它们在进化过程中使得自身的体色变成了保护它们的伪装外衣。通常可以发现生活在荒漠的鸟类羽毛颜色跟周围的荒漠环境相类似。另外一类生活在热带的鸟儿，其羽毛多彩艳丽，分布在南美洲亚马逊雨林的蜂鸟就是典型代表，蜂鸟拥有十分美丽的羽毛，包括神奇的结构色（观察角度不同，由于光的散射、干涉或衍射作用产生不同的颜色）。其他鸟类是不是都是这样的情况呢？在19世纪，达尔文和华莱士等人就已经提出了生物的体色可能存在特殊的全球分布模式，他们当时有机会在热带地区旅行和进行大量的研究。

最近的一项研究表明雀形目鸟类颜色的多样性在纬度上从两极向赤道明显增加，这与其他鸟类颜色研究的发现一致，支持了热带地区物种通常更丰富多彩的观点。更为确定的是，颜色差异性最强的鸟儿是性二型（就是雌雄鸟儿不一样）：高度性二型物种的雄性比性二型较低物种的雄性颜色更丰富。从这个角度来看，雌性鸟儿选择配偶取决于雄性鸟儿羽毛色彩的艳丽程度。

## 鸟儿没牙齿

在动画片里我们看到一些鸟在大口大口地咀嚼食物，事实上鸟儿根本没有牙齿，或者说绝大多数时间是没有的。之所以说是绝大多数时间，是因为鸟儿只有拱出蛋壳的时候有牙齿，它们要借助这个武器将蛋壳戳破，后面就自然退化了。

有人肯定要问它们一直以来都是没有牙齿的吗？它们曾经有过。早在1.5亿年前，鸟类还是有牙齿的。大约生活在1.2亿年前的孔子鸟，其化石被发现于我国辽宁省，是被发现最早的没有牙齿的鸟，而在同一个时期发现的鸟类化石很多都是有牙齿的，比如鱼鸟。因此我们可以这么说，其牙齿是在演化过程中陆续退化消失的。国外的研究也发现，有5个牙齿相关的基因在大约1亿年以前的鸟类共同祖先中就已经失活，从此使得鸟类丧失了生成牙齿的可能。

牙齿退化，是出于它们自身的需要。你可以想象一下，少了牙齿的头部可以减轻重量，自身的重心也可以向后移动，使得飞行稳定。鸟类骨头的总质量减轻了，为鸟儿长期、快速、高效的飞行提供了有力的保障。

观察过鸡进食的人就可以发现鸡的啄食十分有特点。它们根本不会咀嚼，而是将食物整块吞下。这样就有一个好处，不用在某个地方细嚼慢咽，可以在获取食物之后快速吞下，从而快速转移到其他地点。鸟类的活动强度通常比较大，新陈代谢也很快，这就意味着需要消耗大量的能量。鸟儿面临着各种天敌的威胁，为了生存，它们只能尽快寻找食物，尽快吞掉，然后再尽快飞往别处，开辟下一个战场。要是像狮子一样杀完猎物，慢慢吞吞地悠闲地享受美味，那么离鸟儿灭亡之日也就不远了。

那吃下的食物怎么办呢？鸟儿为了适应飞翔生活，它的消化器官发生了变化，食道中有一部分膨胀变大，形成嗉囊，用来暂时积存食物；而它的胃变化成了两部分，前半部分叫前胃，后半部分叫沙囊，里面带有很多沙粒。食物先从嗉囊进到沙囊，由沙子把它磨碎，再返回前胃消化。沙囊里的沙子就代替了牙齿，而且它磨碎食物的效率要比牙齿咀嚼高得多，牙齿当然就用不上了。家禽在吃完食物之后还会选择吃一点碎石子来补充，就是这个道理。

总之，为了生存，鸟儿快速吞咽食物，快速转移阵地，再靠强大的消化系统去消化食物。这无疑是鸟儿在生命演化过程中采用的生存策略。这一切都是鸟儿自身为了更好地适应飞行，因为进化都是为了自身生存的需要。牙齿没了，却有了新的解决方法，这也就是个小问题了。

## 鸟儿喙不同

鸟喙是鸟类身上一个奇妙的结构，通俗说就是鸟嘴。其他动物包括我们人类，都统称为嘴巴，而鸟类的嘴巴，却有一个特定的名词叫"喙"。

喙对于鸟类来说是它们获得食物的重要器官。不同的鸟，喙有很大的不同。

鸟类之所以有自己独特的喙是有其特殊原因的。正因为它们有了适合自己的喙，才可以在特定的环境中找到食物并生存下来。

鸟类的喙由上下颌构成其骨质部分，表面覆有角质层。鸟喙中的鼻甲结构复杂，能够调节吸入空气的温度并且回收利用呼出气体中的水气。鸟喙的形状和大小有着惊人的多样性，用以适应取食不同的食物。一项研究揭示，鸟喙有着远比我们眼睛所看到的更为复杂的结构，这些结构帮助它们适应不同类型的气候。一般哺乳动物的嘴巴都包含柔软的嘴唇和坚硬的牙齿，而鸟喙里面是没有牙齿的，只有包裹上下颌的两片硬角质鞘。之所以会有这种特殊的结构，是因为这样可以使头部重量减轻，结构简化。想象一下战斗机重量减轻、推力不变，飞行性能肯定有所改善。

不同类型的喙对应不同的食物。为了适应不同类型的食物，鸟类进化出了种类繁多、形态各异的喙。我们可以通过其食谱来分别找出它们不同的习性。喜欢吃虫的鸟喙的形状主要有三种：长而坚硬，呈凿状，代表是戴胜，它们觅食时常常把长长的喙插入土中取食，土里的虫子就会被叉出来；大山雀、绣眼鸟这类鸟的喙尖而短，同时又纤细，扁而略宽；鹩鹛、白头翁的喙非常坚硬，形状似圆锥，又短又粗，常见的雀科鸟和文鸟类都属于这种。

食肉的鸟根据吃肉的种类不同主要分两种：吃鱼的鸟喙比较长且直，或者弧度弯曲，大多上喙较长，末端有弯钩，比如鸬鹚、翠鸟；吃肉的鸟占比不高，喙坚硬有力，比较大，尖端呈钩状，非常锋利，能撕扯切断猎物身上的肉，是肢解大型猎物的有效工具，比如鹰隼、猫头鹰、伯劳等。

吃杂食类的鸟的喙型多数较长，稍弯曲一些，或喙上部有轻微钩形，这类鸟主要吃田间的植物种子、果实，偶尔也兼吃一些昆虫，像我们所熟悉的八哥、画眉、百灵。鹬类的喙比较细长，目的是取食滩涂淤泥中的水生无脊椎动物。

鸟喙还是万能工具。由于鸟儿并不像人类拥有双手，它们的前肢进化成了翅膀，鸟喙就变成了它们多功能的工具，除觅食之外，还用于打斗、歌唱、筑巢、哺育等。鸟喙还是雌雄鸟沟通情感的重要器官，用喙相互触碰，替对方梳理羽毛，给对方喂食等。

如今我们见到的各种各样的鸟喙，都源自一场突然发生的演化大爆炸，鸟喙继而在其后的 6500 万年间缓慢演化。这是 2017 年 2 月 1 日发表在《自然》杂志的一篇论文的研究成果。在 6500 万年前，地球上四分之三的动植物灭绝，大规模的生物灭绝使得幸存的生物可以"自由"地参与到适者生存的演化进程中，鸟类从此可以开拓曾经被其他物种占据的栖息地。如此剧烈的变化加速了鸟喙演化。最初的大规模爆发式演化事件发生后，鸟喙演化的速率和形式都有所变化。鸟喙开始了"改进和精细"地演化。不同的鸟类都在这个时候开始，逐渐找到了适合自己的喙。

在炎热的夏季，全国各地都是高温状态，鸟儿的喙就可以发挥大作用了。厚厚的羽毛无法散热，有些鸟类会让血液在鸟喙中迅速流动，从而将热量散发到空气中。巨嘴鸟在高温和飞行条件下，其大嘴能够散掉大量的热量。这意味着，就像大象和兔子用它们的耳朵散热一样，巨嘴鸟能够通过在喙中流动的血液来调节体温。

总之，数千万年前鸟类的演化造就了今天多种多样的鸟喙。鸟儿唱歌离不开它，觅食得依靠它，战斗也少不了它。放眼自然界，鸟类利用演化出的五颜六色、形式各样、用途万千的喙，成为自然界的守护者，成为生态环境的"指示器"，成为人类的朋友。

## 鸟儿爪不同

　　由于鸟类生活环境的不同，它们爪子的结构差异也很大，按生活习性分为抓握型、游水型、涉水型、捕猎型、攀爬型、奔跑型等多种类型。猛禽都具有锐利的钩爪，能够更好地抓捕撕扯猎物。在地面上蹒跚而行、挖土做密室的各种小鸟，钝而有力的爪使得它们可以轻易拨开地面的浮土，找到下面藏着的各种美食。普通夜鹰和白鹭的爪子的中指像梳子一样，可以很好地帮助鸟儿梳理羽毛。

种类繁多的鸟爪

## 鸟类杂记

鸟类的爪是如此多样，以至于在中国古代的工笔画里就有十余种不同的爪子的画法，对各种鸟的爪有严格的绘画约定。

观察过鸭子的人可以发现，这类游禽通常腿部较短，脚趾上有蹼相连，像两只船桨，很适合划水，无论在水面游动还是潜入水中都能获得较快的速度，起飞时可以划水助跑，降落时脚蹼与水面加大摩擦力，起到刹车减速的作用。还有一类特殊的存在，那就是企鹅。企鹅是典型的海鸟，它们虽然不会飞，但是游泳的本领在鸟类中名列前茅，企鹅的脚就像是控制方向的舵，前进的力量全靠那双船桨一样的"脚"。

另外一种就是和身体不成比例的爪。水雉之所以可以在荷叶和睡莲上如履平地、行走自如，是因为长脚趾可以减小对荷叶表面的压强，从而分散自身的重量，以此成就了其"水上飞"的名声，而绝大多数鸟类无法轻易做到。

在陆地上跑得最快的鸟儿应该就是鸵鸟了。它们的脚有三趾，每趾都有锋利的爪。中趾的爪更像匕首，长达120毫米。鹤鸵也是地面上的奔跑健将，速度和鸵鸟不相上下。

雕这种肉食猛禽始终是权力的象征。如白头海雕的形象被广泛应用于美国的国徽和军队的军服。美国的象征物种就是雄壮的白头海雕。它们是贪婪的大型食肉动物，是精通水中捕食的专家，需要大量的肉食维持生命。它们用锋利的爪子按住猎物开展撕扯，爪子的抓握力比人手的握力大10倍。

## 鸟儿嗅觉各不同

如果要问你，鸟儿有没有嗅觉，你可能会回答，没有吧。鸟儿其实是有嗅觉的。之所以我们会忽视它的嗅觉功能，是因为我们很难发现它具有奇特的鼻子特征。鸟儿喙上的两个孔虽然不起眼，但却是它们的鼻子。

鸟类脑部有专门负责嗅觉功能的部分，单就比例而言，这部分区域占大脑的比例并不算小，可以证明其嗅觉功能可能相当不错。

测试鸟儿嗅觉的一个方法无疑就是开展实地观察。科学家们发现当农民割草时，白鹳会突然到访。它们之所以选择在割完草的时机前来，并不是无缘无故的，高大的草丛被割完之后，一些它们喜欢吃的蜗牛、青蛙、老鼠就暴露在它们的视野范围之内，使它们很容易获得食物。那么是否是割草时产生的挥发性物质被嗅到，引起了它们的注意，从而将它们吸引过来？

自然状态下观察的行为不一定就完全准确，科学家想了一个办法，将刚割好的一车嫩草撒在一大片地上，观察鸟儿是否还会被吸引前来。十分钟之后，鸟儿没有发现心爱的食物，只能拍打翅膀，失望而归。再次将带有割草物质的人工化合物洒到几片有草丛的地方，观察它们前来的距离，它们居然在1千米外就闻到了气味。这个结果出乎我们的意料，因为大多数人都认为它们是依靠视觉来捕捉食物的，却没有想到鼻子也是它们寻找食物的主要器官。

那么所有的鸟儿都具有如此强大的嗅觉吗？答案并不是。只有少数的鸟类具有极其灵敏的嗅觉，并被我们所发现。红头美洲鹫喜欢甲硫醇的味道，这种气味来自腐败的有机物（并且常被添加在天然气中，使之产生异味）；棕鸟能感知植物独有的天然杀虫剂成分，并利用这些植物保护巢穴免于昆虫的侵扰。

对于鸟类嗅觉的研究其实早在200年前就开始了。著名鸟类学家约翰·詹姆斯·奥杜邦（John James Audubon）进行了一项试验。他将一具腐败的猪尸体藏在灌木丛下，想以此来测试秃鹫是否借助嗅觉进行捕猎。结果，这些大鸟全然忽视了这具尸体，其中一只反而冲到了附近一块几乎没有任何气味的填充鹿皮旁边。这个结果被当作这些鸟类依靠视觉而非嗅觉来寻找食物的证据。事实上，很长一段时间以来，这是一种被普遍接受的观点。即使在40多年前，当有动物行为学家提出信鸽通过嗅觉化学气味来找到飞回栖息地的路时，许多同行不屑一顾。

有试验发现，秃鹫其实会被藏在盒子里的尸体吸引，但前提条件是，这种诱饵没有过度腐败，在风的作用下释放出特殊而强烈的气味，奥杜邦的试验很可能就是使用了过度腐败的尸体。有研究认为，信天翁、䴉和其他一些海鸟，能够通过检测鱼类吃下的浮游生物所释放的一种化学物质来寻找猎物。

2008年，分子生态学家西尔克·施泰格尔（Silke Steiger）和团队研究分析了7个目中的9个鸟类物种的基因组，发现了许多嗅觉受体基因。嗅觉受体是一类可以与气味分子结合的特殊蛋白质，它们负责向大脑"汇报"气味相关的信号。通过比较发现，鸟类特有的一组多样的受体已经分裂成了不同鸟类谱系所拥有的多种特有的类型。这说明，这些基因随着鸟类物种的多样化而迅速进化。

这么多研究只证明了一件事：小小的鸟儿，同样是有嗅觉的。鸟儿的嗅觉能力，伴随着周围环境变化以及自身的净化能力不断下降或加强。可见鸟类除了是飞行大师、视觉天才和歌唱冠军之外，在嗅觉上也值得一提。

## 鸟儿声音各不同

每当春日，天蒙蒙亮，悦耳动听的鸟鸣声就开始此起彼伏了，叽叽喳喳，啁啁啾啾，很是好听。在这欢快的鸟鸣声中，我们迎来了美好的一天。细心的小朋友可能会问，鸟儿为什么会唱歌呢？

鸟鸣和人类语言一样，具有很实际的功用。鸟儿的声音有两类用途。一类用来求偶，声音越大，表示体质越好，就越能赢得雌鸟的欢心。这类雄鸟在繁殖季节的特殊鸣叫既是吸引雌鸟的求偶行为，也是警告其他雄鸟不得侵入的信号。

另一类鸟鸣则是用来社交的，既可以是报警，也可以是召唤，还可以是觅食，更多的是筑巢、集合等。鸟在洗澡、休息和觅食的时候，和人类一样，会聊天，会咒骂，会辩论，也会偷听、欺骗，会提醒大伙远离不速之客，会一起联合捉弄外来鸟，也会彼此分享食物来源的信息。遇到同类死亡时，鸟还会通知其他鸟过来观看，甚至还会因为亲友的死亡而伤心哀悼。

鸟类之所以能够鸣唱就在于它有一个特殊的器官。这个被称为鸣管（syrinx）的器官很晚才被科学家充分了解，这是因为鸣管位于鸟类胸腔深处，气管在此处分叉，以便将空气送进支气管，一般的解剖很难发现。科学家们用磁共振成像和微型计算机断层扫描技术，才终于拍到鸣管在运作中的 3D 高分辨率影像，发现鸣管是由纤细的软骨和两片薄膜所组成的，这两片薄膜分别位于鸣管的一侧，会随着气流以超高的速度震动，形成两个不同的音源。发声的原理有点类似于口琴，当气流通过口琴，震动里面的簧片，声音就发出来了，呼气和吸气都能够发出不同的声音。

不同鸟类的语言丰富度也是不一样的。有些物种，比如白冠雀，只有一种带有地理多样性的基本鸣叫声，但其他物种有不少不同的鸣叫声。例如，某些鹪鹩可能有多达 150 种鸣叫声。鸣叫声单位（音节）的数量随着鸣声的不同而有很大的不同，从金丝雀的 30 个音节到棕色鲣鸟的约 2000 个音节不等。这类似于人类不同语言中语音（音素）的多样性——从少到 15 个音节到超过 140 个音节不等。音节越多，就意味着这种鸟儿的语言越丰富，在我们听来就越婉转、越动听了。

幼鸟学习其父母的叫声，也能模仿其他鸟类的鸣叫声，但如果陌生的鸣叫声与它们的正常鸣叫声相差甚远，它们就会发展出独立的叫声。如果只能接触到陌生的鸣叫声，虽然鸟类可以学会自己的"语言"，但是它们需要更长的时间。

鸟语也有方言。同种鸟儿出生地不一样，声音也不一样。浙江鸟类科学家就发现留鸟白头鹎居然在杭州有八种方言。我在本地也注意到，起码有四种以上的白头鹎方言，白头鹎在路边的鸣声较大，声音往往比较洪亮；居住在大型公园里的白头鹎叫声往往比较婉转。在人类语言学界，有个理论是，平原地区人的方言差别相对较小，但山区却相对较大。鸟也存在类似的现象，南方方言多，东北平原地区方言少。

鸟鸣有地域差异，即使同一地区的鸟鸣声也会因为天气变化而改变，天气越多变，鸟叫就越动听。澳大利亚和美国的研究员对北美地区44个种类超过400只雄性鸟的声音进行了分析。当研究员们将这些数据与环境温度、降水记录以及栖居地、经纬度相联系后发现：雄性鸟在湿带以及干燥地带经历季节性的气候变化后，其鸣叫声也更加多变。

候鸟每年会进行南北迁徙，但学会鸣唱时的方言变化却不大，依然是"乡音"难改。因为只有到繁殖期候鸟才会发出鸣唱声，而到了繁殖期会回到固定的地方。如果两只操着不同口音的鸟在南方某地见面，估计互相讲起鸟语，可能也跟北方人听温州话一样，鸡同鸭讲，难以理解吧。

鸟儿是会模仿其他鸟儿和人类声音的。很早以前，我们人类就发现了鸟儿具有出色的语言模仿能力，因此不少人特别喜欢养那些具有语言模仿能力的鸟儿。八哥作为宠物鸟很受欢迎，八哥可以学唱歌，还可以学人说话，可以模仿其他鸟类的叫声。我曾经在路上亲耳听到枝头的八哥学习其他鸟类的叫声。鹩哥也是很有名的观赏鸟类，才艺出众，性格温和，模仿能力极强，能模仿其他鸟儿的鸣叫，学简单的人类语言。但语言模仿能力最出色的还是各类鹦鹉。成语鹦鹉学舌就是很好的证明。非洲灰鹦鹉、折衷鹦鹉、红领绿鹦鹉、红肩金刚鹦鹉、虹彩吸蜜鹦鹉、黄颈亚马逊鹦鹉等都是学舌鹦鹉中的佼佼者，为国外养鸟者所钟爱。国内能合法养殖的鹦鹉只有牡丹鹦鹉、玄凤鹦鹉、虎皮鹦鹉这几种。

鸟类中存在顶尖的学习者。据说有一只巴巴多斯牛雀经过训练后，会唱英国国歌《天佑女王》；另一只会发出葬礼上的安息号声音（它可能是从附近公墓举行的葬礼中学来的）；德国南部一只凤头百灵会模仿一位牧羊人用来指挥牧羊犬的四种不同的哨音，而且它学得非常逼真，以至于那些牧羊犬会立刻听从它的指令（包括"向前跑""快""停"和"过来"），这些哨音后来也被其他百灵鸟学会了，成了当地百灵鸟的"标语"（或许也因此使得当地的牧羊犬气喘吁吁，疲于奔命）。

## 鸟儿惊飞各不同

我们通常都有这样的经历：观察一只不太常见或是与众不同的鸟儿，情不自禁走近，想要仔细观察一番时，鸟儿通常会扑腾翅膀离开原地，远离了你的视线。

女词人李清照在《如梦令》曾写到："常记溪亭日暮，沉醉不知归路。兴尽晚回舟，误入藕花深处。争渡，争渡，惊起一滩鸥鹭。"当时醉酒的词人，迷途中误入荷花池，心急寻找出路之时，一片栖息的水鸟腾空而起，映着霞光满天。当时的女词人并没有捕捉鸟儿的打算，由于逐渐接近鸟儿被发现，最终突破了鸟群的惊飞距离，鸟儿们感受到了不舒适和被打扰，于是成群结队振翅离开。

这是鸟类躲避天敌所采用的逃跑策略。鸟儿并不是看到所有的接近者都会四散奔逃，它们会首先判断自己留在原地的风险和逃跑所需要付出的能量成本，从而形成一套适合于自身条件的最优逃跑策略。这是因为所有动物都有能量成本的测算，它停留下来和逃跑付出的代价基本相等的这段距离，就被称为惊飞距离或起始逃逸距离。

你有没有想过这段距离取决于哪些因素呢？其实影响这段距离的因素有不少，不同种类的鸟对于人类接近所表现出来的状态是完全不同的。

体形越是巨大的鸟类，其惊飞距离也就越大。大型鸟类的惊飞距离较远，因为体形较大容易暴露，且笨重的身体带来较迟钝的反应，也增加了一定的惊飞距离。猛禽更容易被人类所惊扰，是有原因的。人类的过分接近可能会打扰它们，迫使它们中断自己的捕猎过程。雁形目和鹳形目的水鸟惊飞距离多数在50米以上，而雀形目的鸟儿惊飞距离较短，原因是自身体量小，机动性更好，脑容量小，识别捕食者的能力相对较弱。

人类的发展、城市化脚步的加快，使得鸟儿的惊飞距离也发生了巨大的变化。即使是同一种鸟儿，在城市和农村不同的环境中，因为不同的生活方式，其惊飞距离差异也相当大，差距往往在两倍以上。

以我们最常见的乌鸫为例。"城市组"的乌鸫在熟悉的环境中明显有更强的探索性、更近的惊飞距离，表现出更大胆的行为模式；"乡村组"的乌鸫则表现出畏缩倾向、更远的惊飞距离和谨小慎微地对待环境变化的特征。即使是两者放到一起

鸟类杂记

饲养，城市出生的物种依然表现出更为大胆的类似行为。我做过试验，发现在我用不同的速度或是手持不同的物品靠近乌鸫时，它们表现出了不同的状态，穿着衣服的不同却往往成了影响最小的因素。

浑然不惧的乌鸫

在城市中我们见到在人们身边嬉戏打闹、无所顾忌的鸟儿，并不是因为它们与人相处惯了，胆子变大了，而是因为那些胆子大的个体选择留在了食物资源丰富、生存环境温暖但人为活动频繁的都市，而那些胆子小的个体选择了安静简单但食物资源缺乏的乡间地带。

那么我们在观鸟中经常强调的要穿更为接近自然的衣服去观鸟和上面的情况有关系吗？

根据研究者的诸多推论，在城市地区，目前没有发现服装颜色和鸟的惊飞距离有直接关系。而在郊野地区（特别是丛林、灌丛中），只有橙色和红色系外装被证实会增加一些鸟的惊飞距离；黄色外装也可能增加"杀伤力"，但还需要进一步验证。然而对某些体表颜色为红色或者相近色调的鸟而言，橙、红色系外装的负面影响并不那么显著。我也在相同的场景下尝试穿着不同颜色的服装去观鸟，相同环境下，穿着迷彩服的情况可能会降低一点被鸟儿发现的概率，除非穿着全套伪装服，蹲在地上慢慢前进，一般情况下影响并不如我们想象的那么大。

来自国外的研究也证明了颜色对于鸟类的惊飞是有一定影响的。有项研究证实，当观察者接近刺颊垂蜜鸟时，穿红色外套的人比穿自然色的人离鸟更近；在美国佛罗里达某湿地，穿黄色外套的人竟然可以比穿着专业户外服装的摄影师们更加接近水鸟，同时不同的鸟儿对不同颜色的第一反应力是完全不同的。这都说明了一个问题：所有的观鸟者不能穿鲜艳衣服的提示有点绝对了。

## 鸟儿智商有不同

人们一般认为动物的智商不高，包括鸟类。比如取食方法对于人类来说再平常不过，但对于鸟类却都是非凡的创造发明，甚至一些鸟类的捕食创意令人惊讶万分。

从公布的研究报告来看，一些鸟类确实具有相当聪明的取食技巧。最著名的是一份1949年关于英国山雀的报告，有人发现它们学会了开启被人们遗忘在门口平台上的牛奶瓶。褐贼鸥是一种生活在南极的鸟类，能混入到海豹幼崽中偷食母海豹的乳汁。

来自津巴布韦解放战争前线的一名士兵观察到，秃鹰会守候在地雷区铁丝网附近四处徘徊，等到瞪羚和其他草食动物在吃草时踩到地雷、炸得粉身碎骨时，就会大吃一顿已经为它们"切割"好了的美味大餐。不过秃鹰也有玩火自焚的时候，吃饭中忘乎所以，偶尔也会触雷丧了性命。

鸟类 IQ 指数的研究报告吸收了大量不同的观察者对一些常见鸟类的报告，比如对乌鸦的观察。当然，其中也包括一些十分少见的鸟类的特殊观察报告。尽管如此，鸟类的创新能力仍然具有一个清晰的分层：乌鸦名列第一，猎鹰紧随其后。这两者排名靠前，处于智商分级的最高层；其后分别是老鹰、啄木鸟和苍鹭；而排在最后的是鹌鹑、鸵鸟等。

这个结果证明了灵长类和鸟类的大脑创新能力与其进化过程存在一定的联系。这为我们提供了一个趋同进化的画面。尽管灵长类和鸟类的祖先在 3 亿年前就已经分化了，但相似的大脑的解决方案却在这两种动物中都得到了发展。

## 雏鸟有不同

雏鸟出壳在鸟类的整个生活中占据了极为重要的一环。由于我们很少见到鸟儿孵化，所以雏鸟出壳在我们心目中就有了不少神秘的色彩，那么我们就从不同的角度来拨开这些迷雾吧。

既然要讲到雏鸟的出壳，我们首先要了解孵化需要用多少天，不同鸟儿的孵化期差异还是很大的。国外研究报告证明，卵越小的鸟类孵化期越短。雀形目鸟卵的重量只有1到2克，孵化期也只有12到15天；信天翁的卵有450克，差不多半斤重，孵化期可以长达81天。科学家证明卵的重量每增加一倍，鸟类的孵化期平均要延长16%天。国内研究报告也证明了鸟类卵的重量和孵化时间存在着类似关系。同时每一窝卵的数量也和孵化时间有关，卵产得越多，就意味着亲鸟要付出更多的时间和精力来孵化自己的后代。黑水鸡每窝产卵数量增加，孵化时间也随之延长。一窝产3枚，往往只需要12天；产6枚，就需要14天以上的时间了。

孵化时间也和鸟巢的位置相关，这当然是它们对抗天敌的一种进化手段。通常而言，开放型的鸟巢孵化时间很短，同时鸟巢距离地面越高，孵化时间相应也就越长。孵化时间与地理位置也很有关系，热带地区的相同鸟类孵化时间相对较短。季节性差异对孵化时间的影响也在所难免。孵化越晚，天气越热，孵化时间就相对较短。孵化时间和温度有一定的关系，孵化期间如果温度较低或者连日阴雨，孵化时间也会相应延长。相同条件下，低温或阴雨会使它们的孵化时间延长一天左右。

孵化以后，出壳是鸟类生命中最重要的时刻。它们什么时候出来呢？一般是在午夜过后和上午，往往在钝的那一头破壳。下午出来的数量很少。这也很好解释，因为雏鸟出壳以后能够立刻被亲鸟发现并得到喂食，或者跟随亲鸟开展觅食。

雏鸟完成破壳整个过程的时间并不一样，例如体形小的乌鸫需要5~20个小时，体形更小的大山雀大概需要4~6个小时，而大型鸟类信天翁需要3天以上的时间。同时在这个过程中它

鸟类杂记

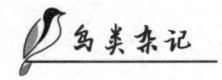

们还会发出特殊的声音，成为各个小伙伴之间互相联系的信号。

## 鸟儿卵不同

不同鸟类的卵的差异也是相当明显的。先来看其重量，我们都吃过的鹌鹑蛋就相当小，但它们并不是最小的鸟卵，蜂鸟体重只有 7 克左右，它们的卵应该是世界上最小的鸟卵，在草丛里就像一个白色石子，很难被发现。

从大到小依次是鸵鸟蛋、鸡蛋、蜂鸟蛋

鸵鸟蛋是成年人的手掌没法轻易握住的，是世界上目前最大的鸟蛋。为什么说是目前？因为曾经有一种鸟的蛋比鸵鸟蛋更大。象鸟是一种已经灭绝的鸟类，其身材比鸵鸟更魁梧，下的蛋自然也要大上一圈。

鸟蛋的构成其实也非常简单，我们只要仔细观察过鸡蛋或者鸭蛋的结构，就可以发现它们通常是由几部分组成的。最外层是卵壳、壳膜，起到保护的作用。其主要成分是碳酸钙，外加1%~2.5%的有机物，以及其他的微量元素。卵壳上有许多气孔可以透气，以确保卵进行气体交换。蛋壳的结构也是科学家们研究其进化程度的一个关键性因素。不同鸟儿的蛋壳外观和结构、气孔特征还存在一定的差异。

蛋壳里面一层是卵白，可为胚胎提供水分、养分，对胚胎有提供营养和保护的作用。卵黄是卵细胞的主要营养部分，为胚胎发育提供营养，卵黄外面包裹着卵黄膜。不同的鸟，卵黄包含的水分、固体和脂类的含量有所差异，颜色也存在不同的变化。即使是同一种鸟类下的蛋，由于食物和环境因素的影响，差异也是普遍存在的。比较放养鸡和笼养鸡下的蛋，差异就很明显了。通常来说，当食物中的类胡萝卜素丰富的时候，蛋壳颜色相对会更加黄一些。

鸟卵的色彩也很值得好好讲一下。从很早的时候起，人类就惊艳于鸟卵的斑斓色彩。这些颜色浅至奶白色，深至红、蓝、绿色，范围之广，变化之多样，让人叹为观止。尽管许多动物都下蛋，但只有鸟类能下彩色的蛋。因此，我们过去常常认为能下彩蛋是鸟类自己独有的一项本领。

最近一项研究表明，鸟类下彩蛋的本领源自恐龙。鸟类的远古祖先——真手盗龙类恐龙在1.45亿年前就获得这项本领了。这种恐龙下的蛋很大，而且下在类似于鸟巢的开放型巢穴中。在一些蛋和巢的化石中，甚至还保存了坐在上方的成年恐龙——或许这种动物和大多数鸟类一样通过孵化来为蛋保温。这些蛋需要大约10周时间才能完成孵化，比现代爬行类动物快，但比现代鸟类慢。由于真手盗龙类的蛋暴露在开放空间，孵化时间相对较长，当它们外出觅食时，就需要给这些蛋加上色彩和斑点，使它们具有隐蔽和伪装的功能。它们的后代鸟类也就继承了下彩色蛋的本领。

那为什么鸟蛋的颜色深浅有别？研究发现，在地球上寒冷的北方地区，蛋的颜色较深，甚至偏棕色，因为深色可以帮助蛋吸收更多热量，从而使得父母可以更长时间地离开巢穴去觅食。颜色的深浅在对外胚层的温度调节中起着至关重要的作用。

鸟蛋的色彩和花纹有这么多的作用，它们是否一成不变呢？答案显然是否定的。因为有另外一种寄生者的存在。寄生鸟类会让自己的鸟蛋和寄生对象的鸟卵相似，以此骗过养父母的眼睛，让养父母喂养大。但并不是说所有的鸟儿都会上当受骗，一些养父母有了教训，会把外来者的蛋从自己的巢穴中丢掉。

## 鸟儿雌雄不同

在自然界中，很多种类的雌鸟和雄鸟存在不少差异，这在生物学里称为"性二型现象"。"性二型现象"，指的是同一物种的雌雄两性具有除性器官外其他特征的差异，如雄鸡的鸡冠、美丽的尾羽以及打鸣等习性。

雌雄两者的大小也是一个相当明显的区别点。雄性个体体形通常略大，而雌性较小。但在猛禽、蜂鸟和一些不会飞的鸟类中，雌性个体会更大一些。水雉雄鸟要比雌鸟整整小上一圈。画眉鸟雄性体形修长，雌性的体形短而胖。雌雄的体形差距并不大的代表是雁鸭类，白头硬尾鸭却是个例外，雄鸟是个"胖纸"，雌鸟却是个"瘦纸"。

《淮南子》中写道："羽嘉生飞龙，飞龙生凤皇，凤皇生鸾鸟，鸾鸟生庶鸟，凡羽者生于庶鸟"，认为中国传说中的瑞鸟——凤凰是飞龙所生。凤凰，也作"凤皇"，自秦汉以来，帝王自比作龙，而后宫妃嫔则被形容为凤凰。尽管凤凰一般被视为雌性的象征，但在最初，凤与凰本被指代为雌雄双鸟，雄的为"凤"，雌的为"凰"。作为原始社会对神灵的虔诚、崇仰、顶礼膜拜而创造出来的一种神话动物，凤与凰，是古人对鸟类雌雄之别的判定。

鉴别鸟儿的性别，最简单的方法就是观察其外观。就拿我们最常见的绿头鸭来说，这种鸟儿以雄鸟的头和颈为绿色而得名，而雄绿头鸭边上一只棕色的、不起眼的鸟通常也是绿头鸭。鸳鸯雌雄的差别就更有名了，雄性鸳鸯长着红色的喙、非常漂亮的羽冠和五颜六色的羽毛，雌性鸳鸯却只是一身灰色的带斑点的服装而已。实际上这身华丽的服装对于雄性鸳鸯来说，也只能穿几个月而已，大多数时候它跟伴侣穿的服装是一样的。在北方相对常见的雉鸡，雌雄差别相当明显，雄雉除了体形较大外，还有色彩鲜艳的羽毛、装饰性的肉垂和超长的尾巴。看了公鸡和母鸡的区别，你也大致能够想象它们在羽毛色彩上的差异。孔雀更是这样，雄性孔雀外貌特别吸引人，长长的彩虹色的尾羽是其他鸟类所根本不具备的，相比之下，雌性孔雀的外表就柔和不少。之所以如此，是因为雌性鸟类在繁殖中往往占据主导地位，华艳的装饰或者更大的体形是雄性鸟类展示自

鸳鸯雌雄差别明显

身健康的指标,对于雌性而言,色彩鲜艳的雄性往往具有更加优秀的基因和更加强大的生存能力。

雌雄鸟儿叫声也是很明显的辨别特征。通常来说,雌鸟鸣声短,单音而低;雄鸟鸣声长而高,富有变化。善于歌唱的鸟儿尤其明显。画眉雄鸟鸣叫婉转动听,音韵多变;雌鸟鸣叫声音就单调得多,只有一个音节。

鸟儿的脚爪也可以作为辨别雌雄的因素。雄性的脚爪通常比雌性粗,抓握有力。

## 鸟儿求偶各不同

看过《非诚勿扰》和《追光吧!哥哥》这种综艺节目的朋友,可能会被男嘉宾各种各样引起女嘉宾注意的方式所吸引。鸟儿更是如此,"关关雎鸠,在河之洲。窈窕淑女,君子好逑""在天愿作比翼鸟,在地愿为连理枝""得成比目何辞死,愿作鸳鸯不羡仙"，人类喜欢鸟儿的成双成对，在几千年里的诗词歌赋里写尽羡慕。

动物界结婚一样要求婚，求偶方式也是花样百出。在动物的求偶行动中，鸟儿为了博得异性的欢心想出了各种各样的点子。对于鸟类世界里的求偶行为，人类有众多的解释。达尔文就认为雌鸟会基于雄鸟的一些特征做出选择，直到19世纪中期，不少生物学家仍然坚信，雌鸟对雄鸟并没有什么兴趣，只是在等雄鸟比拼完之后带自己走。

这场比拼既有羽毛色彩的比拼，又有身材强壮与否的比拼，还有鸣叫声好听程度的比拼，更有筑巢技能的比拼，甚至有求偶舞蹈姿势的比拼。在鸟类的求偶现场，娇鹟（也叫侏儒鸟）是极为出色的种子选手。它们不仅会唱跳 rap，有时候还能整一段类似于太空步的舞蹈。通常的画面是这样的：前来的两只雄鸟一边炫耀自身华丽的羽毛，一边在树枝上一前一后，共同完成一场双鸟起舞，前面的一位快速腾空，同时向后撤步，翅膀快速振动，频率超过每秒100次，甚至压蜂鸟一头，高速振动使得羽毛摩擦产生共鸣，发出类似小提琴的悦耳声音。后面的二号选手紧抓空当，向前一冲，接茬继续。直到雌鸟深思熟虑做出选择，与其中的一位雄嘉宾牵翅成功。双人舞只是最基础的表演形式，三人团、四人团都可能出现，这是男团舞的表演现场。与此同时，每一场表演都会有其他雄性嘉宾前来当观众，它们在一旁默默观看，可能是从中学习一些表演技能吧。为了这么几分钟的表演，单独练习是必不可少的，这可能会耗费它们海量的时间、大量的能量，但却不得不做。对它们而言，要是这舞蹈跳不好，找对象可就太难了。

靠颜值赢得另一半的青睐，也是求偶方式之一。有不少鸟儿会依靠炫耀自身的漂亮羽毛来吸引异性。在繁殖期诸如牛背鹭、池鹭、白鹭等鸟类会长出绚丽的繁殖羽，孔雀开屏自然是最典型的代表。黄腹角雉在求偶时原本藏而不露的肉角会高高耸起，肉裙拉伸出来，像一面彩旗一样飘扬在空中。只要见过它们的照片，都会为大自然的神奇而感慨。

牛背鹭的繁殖羽 　　　　　　黄腹角雉的肉裙

歌唱也是鸟类一项极为重要的求偶技能。雄性丽色军舰鸟是鸟儿世界中的高音歌唱家，它们充气的红色喉囊挂在胸前，宛如一颗巨大的红心，喉囊振动发出的声音和鼓声很接近，美妙的歌声试图打动求偶对象。哪一个更雄壮，哪一个可能就会赢得另一半的倾心。大多数长相平凡的鸟儿会用好声音来弥补自己朴素外表的缺陷。百灵看起来十分普通，婉转的歌喉在求偶时却独树一帜。

有些飞行能力比较强的猛禽在求偶时，会在空中翻飞，互相追逐，这种行为叫"婚飞"。《观鸟大年》里有一个画面：雌雄两雕飞到一定高度，然后"脚牵脚"，上演一场自由落体、直坠地表的运动，和极限运动里的高空跳伞有异曲同工的味道。

　　唱歌跳舞不行，颜值也一般，那么手艺就成为独特的求偶方式。褐色园丁鸟是鸟界里真正的动手达人，它们完全依赖自身建设的"天然别墅"来吸引另一半的青睐。如果你观察过它们建造的房子，一定会被它们用水果、花朵、真菌、蜗牛壳、羽毛等物品搭建出来的宏伟建筑所震惊。你绝对想象不到，它只是依靠一张勤劳的嘴，利用身边一切资源，就建立起来令人惊叹的艺术品。

　　要是都不行怎么办？撸起袖子打一架是迫不得已的办法。黑琴鸡动手前就先动嘴，用高亢的叫声和垂直向上伸展的尾羽向情敌宣战之后，一场热血沸腾的菜鸡互啄就此上演。艾草松鸡求偶也会选择用武力来解决问题，有时它们会突然之间正身而起，拍打翅膀，向对方发动攻击。摄影师们在观鸟时拍摄的照片完美凝固了这个瞬间。

　　之所以会有这么多的求偶行为，原因只有一个：雌鸟做出对自己有利的选择。

鸟类杂记

# 鸟儿的生活

## 鸟类会睡觉

在我们的印象里,鸟儿都是活泼的、好动的,不知疲倦地飞来飞去。我们很少见到过它们睡觉的模样,其实鸟儿也需要睡觉。下面就来揭示它们睡觉的秘密。

鸟儿和我们差不多,晚上睡觉是常态。因为大多数的鸟儿在晚上看不清东西,因此不能够进行正常的活动。但也有不少鸟儿不按套路出牌,白天休息,晚上出动。我们所熟知的猫头鹰、普通夜鹰都是这种昼伏夜出的鸟儿,所以猫头鹰俗称夜猫子。白天,它们躲藏在树丛里休息,到了晚上,它们的眼睛就瞪得像铜铃,开始夜生活了。

其实鸟儿选择什么时候睡觉,主要取决于什么时候更容易获得食物。它们总会选择环境对自己最为不利和最不容易获得食物的这段时间来睡眠。

鸟儿的睡眠深吗?和人一样,鸟儿睡眠有深有浅,大多数鸟类睡眠很浅,对于细微的危险十分警觉,能很快地做出反应。尤其是那些有午睡习惯的鸟儿,它们会用一只脚撑着身体午睡,只要有人接近或有大型动物接近,它们就会立刻警觉,振翅而飞。它们对周围同伴的响动反应很小,而对不熟悉的声响反应极大,说明它们即使是在睡眠中,也会对环境中的不确定因素保持应急反应能力,保障自身不会因为沉睡殒命。

鸟类的睡眠时间一样吗?当然不一样。绝大多数鸟和人一样,需要睡足8个小时。啄木鸟大概需要睡6个小时,斑头秋沙鸭每天需要睡13个小时,欧椋鸟一天需要的睡眠时间还不到1小时。还有些鸟几乎不用睡觉,信天翁可以一边飞翔一边睡觉。有些鸟儿在南极可以24小时不眠不休地寻找食物。在不同的时间,鸟儿的睡眠需求也是不一样的。在鸟类繁殖的季节,由于对食物需求的海量增加,鸟爸爸、鸟妈妈们的睡眠时间会极大地缩短。为了获取更多的食物,它们也只能拼了。

和我们人类睡觉喜欢认床一样,鸟类睡眠地点的选择也非常有讲究。各种鸟儿所选择的睡眠地点差别很大,有一点却很相似,即不少个体都喜欢每天在相同的地点睡觉。因为这样的地点通常是经过它们反复选择、反复确认的,会减少自己被捕猎的风险,它们不用再花额外的时间来寻找新的地点,这也是我们通常发现夜鸟归林的原因。

多数人会误以为鸟儿在巢穴里睡觉,事实并非如此。真实的情况是除了繁殖季节,鸟儿飞离鸟巢后就再也不会回去睡觉。为了安全,林中的鸟儿通常在极其隐蔽的位置休息,摄影师们在茂密的灌丛中、悬崖裂缝里、桥洞中都拍到了它们睡觉的身影。水鸟和涉禽喜欢睡在水面上,这是有道理的。因为捕食者靠近时水流飞溅,水面的震动将会提醒危险的来临。有些鸟儿能够堂而皇之趴在枝头上睡觉,是由于其外表可以跟树枝融为一体,只要不走近看,一般人可发现不了。

各种鸟儿的睡眠姿势也不同,同一种鸟的睡眠姿势通常是固定不变的。不少鸟儿通常是在自己的窝里蹲下来、全程团着身体睡觉,而在鸟巢外会一只脚站在树枝上睡觉。那有人可能会问,站在树上为什么不掉下来呢?你只要细细观察过其脚趾,就会发现当它们的肌肉松弛时,爪子可以紧紧抠在树枝上;肌肉紧张时,爪子才会松开树枝。因此它们睡觉时只要把肌肉放松,就可以把自己紧紧地固定在树枝上了。

还有一些鸟儿睡觉姿势也很奇特。漂浮在水面上把头缩起来的通常是绿头鸭和天鹅。鹤、鹳、鹭会一只腿支撑着睡觉,累了再换另一条腿。而鹧鸪围成一圈头朝外、尾向内警惕睡觉的样子也是没谁了。信天翁会一边飞一边睡,左右脑轮流休息,无间断飞行。

那么我们可以为鸟儿睡觉提供什么帮助呢?那就是在夜晚减少光污染,减低对于鸟类栖息地的影响,在森林中设置一定数量的木箱,帮助它们安心睡眠、躲避天敌。大山雀在林中特别喜欢寻找这样的木箱,不少木箱成了它们安居乐业的好住所。这些对于鸟类的健康能产生较大的促进作用。

## 鸟儿会洗澡

在夏日里,我们天天洗澡来解暑降温。我们在森林的小溪里有时候会看到鸟儿在浅滩上扑打翅膀,激起不少的水花。这并不是它们误入水中,而是它们有意识地在洗澡。

人类之所以要洗澡,是因为皮肤上有大量分泌物和粘在空气中的各类灰尘。鸟儿和人类洗澡的原因并不相同,它全身几乎被羽毛所覆盖，散热主要依靠没有羽毛覆盖的那些部位。按道理说它不会出汗，身上也不会黏糊糊。那是什么原因使鸟儿需要洗澡呢？鸟类生活一段时间之后，羽毛会出现一定程度的磨损。如果鸟类不洗澡，这些磨损比较严重的羽毛就无法修复，飞行能力也会受到影响。所以洗澡对于鸟儿来说像地勤人员对飞机的保养，实在是不可或缺。鸟儿的羽毛是各种寄生虫的欢乐屋，各种各样的洗澡方式还可以清理掉潜藏在羽毛里的寄生虫，对于鸟类自身的健康也十分有利。另一个重要的原因就是鸟类为了增加自己羽毛的防水性，会从尾脂腺中啄取一些油性物质抹在身上，这些油性物质在飞行中会沾染上不少灰尘。

在许许多多的洗澡方式里，鸟儿用水洗澡是最常见的，也是我们观察到最多的洗澡方式。石头上的浅坑、废弃的一个脸盆在一场大雨过后，都有可能成为鸟儿的澡堂。鸟儿通常会飞到水池里，用翅膀使劲拍打水面，用激起的水珠清洁自己的身体，再跑到枝头抖掉水珠，让阳光和风把湿气带走。会游泳的水鸟类就更加不用说了，它们通常从固定的地点钻入水中，再在水花四溅中一跃而出，飞上枝头之后，用力抖落身上的水滴，伸展美丽的翅膀，梳理自己的羽毛。这番舒展翅膀、抖落水珠的瞬间，也是摄影师们最喜欢抓拍的镜头。

这类水鸟通常在洗澡后，把自己尾部油脂腺产出的油脂涂抹在羽毛上，借此可在水中捕鱼而保障羽毛不湿。除了在浅坑里扑腾和钻进水里洗澡，在大雨里站在枝头上淋雨洗澡也未尝不是一种好手段。粉红凤头鹦鹉在下雨时，非但不会躲起来，还会主动飞到没有任何遮挡的高处，进行一番淋浴。在下雪天，鸟儿用雪来洗澡也是同样的一番操作。

用沙洗澡是很常见的鸟儿洗澡方式。麻雀和戴胜是在沙地里洗澡的代表。麻雀们会寻找一个无人的开阔地，或寻找合适的沙土地，在里面尽情打滚。戴胜就有点不太一样了，它们在沙地上挖一个深10厘米左右的坑，挖完之后才会舒舒服服地躺进去，在里面蹭啊蹭啊，直到把自己身上蹭得一干二净才算作罢。

日光浴也是很不错的选择。最常见的代表是苍鹭，它们会以一种非常有趣的姿势，将羽毛的背面展开，在太阳底下晒。

除了用水、沙子、日光来洗澡，鸟儿还借用特殊的环境来洗澡。鸟类是十分害怕烟和火的，可是有一种鸟十分喜欢停息在浓烟滚滚的烟囱口上，展开翅膀，用自己的嘴巴"啄"一口烟，对左右两个翅膀轮流洗刷。奇怪的是它的左右两个翅膀放出的烟量是不相等的，左翅膀放出的烟是右翅膀的三倍。在烟浴时这些鸟儿显得不慌不忙，悠然自得。据说还有一种鸟把自己置于茅草燃烧后的余温里，包括红嘴山鸦、秃鼻乌鸦、白颈鸦、寒鸦、喜鹊等。其中有的说法已被科学家证实。

鸟儿还有一种更为奇葩的洗澡方式，就是利用蚂蚁给自己"洗浴"。根据不完全统计，大概有200多种鸟儿会开展这种洗浴。它们用喙衔住蚂蚁，在自己的身上进行一番涂抹。因为蚂蚁体内含有一定量的甲酸，而甲酸是天然的除螨、杀菌、杀虫剂，当鸟儿用蚂蚁涂抹时，也杀死了附着在体表的寄生虫和细菌，这是一种比较高级的"沐浴"方式。另一种方式是鸟儿让蚂蚁爬到自己翅膀上，帮助自己来捕捉身上的寄生虫。更有甚者找到蚂蚁巢穴，蹲在蚂蚁巢穴上，让蚂蚁爬到自己身上来消灭寄生虫。

## 鸟儿会伪装

鸟类在数万年的进化中，成了自然界里常见的一类动物。可能受到了自然最美的祝福，它们有美丽的羽毛、完美的身体曲线，通常还有精湛的飞行技术和强大的生存能力。每一次出门去观鸟，都是对我们自身观察力的最大考验。真正的观鸟之旅并不是为了寻找新的风景，而是凭借一双敏锐的眼睛，发现鸟儿的美好。

走进森林里，你会听见此起彼伏的鸟鸣之声。观望四周之后，你通常会一无所获。直到你在一个点固定下来，等那些鸟儿故意在树枝间跳动，暴露出身形，你会觉得自己看到了一个全新的世界，发现它们就在你的四周。它们的出现往往也就那么几秒钟，在片刻之后，它们又钻入了丛林里，往往在你想用镜头捕捉其身影的那一刻，它们又消失了。"一声啼破万山云，灰鸟伪装小树丛。不知何处飞来去，却向枝头觅旧踪。"我曾用一首打油诗赞美鸟儿的隐藏技能，描写鸟儿利用自己的伪装色隐藏在树丛里的情景。

鸟类的伪装方法主要有两种。第一种是综合模拟，这类鸟的颜色通常跟自己所在环境融为一体，其羽色能够很好地帮助它们躲避天敌。这是鸟儿与周围环境的某种完美融合，是它们的生存策略之一。虽然我们经常在电视里看到色彩斑斓的鸳鸯，但大多数时间里鸳鸯的"斑点"外套和树枝、树皮的颜色非常接近,只要飞进树林之内就很容易隐蔽自己的身形。绿头鸭也有类似的黄褐色斑驳的隐身衣,以至于我很难单靠肉眼从芦苇丛里发现其身影。当我误入其警戒线,它们会从地上一跃而起,快速扇动翅膀,迅速飞向远方。很多鸟类的幼鸟较为脆弱,其服装通常是黑色、灰色的。猛禽雏鸟的外套也多数是灰褐色带斑点的。

另外一种就是定态模拟。这种伪装的技能是鸟类把自己变成了周围环境的重要部分,使得自己跟环境融为一体。为了能够白天很好地在树上休息,不被其他动物打扰,普通夜鹰进化出了非常强大的拟态技能。只要它们蹲在树上,闭上眼睛,它们就化身成了一段枯枝,跟高大的树木融为一体,绝对可以以假乱真。同为夜鹰目的鸟类蟆口鸱,也是善于伪装成枯树杈的高手。它们树皮色的羽毛上还有些酷似虫蠹状的斑点,看上去就是浑然天成的一段枯木。

鸟儿伪装,主要还是为了躲避自己的天敌,防止自己被天敌所捕食,或是为了主动捕食猎物。鸮形目鸟类大部分会利用自己的伪装骗过猎物,再从背后发动出其不意的攻击。纵纹腹小鸮身着一套沙褐色隐身衣,像特种部队一样潜伏在田间地头,等待猎物的出现。通常它的那些食物如田鼠很难发现它的踪迹。林鸮因为更多地分布在密林之中,羽色比纵纹腹小鸮更深,羽毛上的条纹更接近于树皮的纹路,隐藏在枝丫交错的丛林地区也就更难被发现。

除了林中的鸟类,身边随处可见的鸟儿也是天赋异禀的伪装大师。树麻雀身上披着枯树条纹般的迷彩服，满身花纹的珠颈斑鸠是最为常见的伪装者，一身黑的灰椋鸟也是隐藏在树丛中的好猎手。

到了20世纪末，人类发明了迷彩服，又过了几十年研究出了适应不同环境的海洋迷彩、荒漠迷彩、沙漠迷彩等特种迷彩服。而早在不知多少万年前，鸟儿就已经进化出独特的伪装本领，用自己独特的方式适应不同的环境，以躲避天敌的捕捉，或是躲在一旁，静候自己的美食。自然的丛林法则给这一切做了完美的解释。

化身成枯枝的普通夜鹰

鸟类杂记

## 鸟类用工具

小学课本里的《乌鸦喝水》，是一则伊索寓言故事，写了一只口渴的乌鸦，找了很久，才发现一个水瓶，高兴地飞了过去，发现水瓶里水太少了，瓶口也小，嘴够不着水。水瓶很沉，搬不动，也没法撞倒，乌鸦动了动脑筋，往瓶子里叼了一颗又一颗石子，水瓶里的水也一点一点上升。最后里面的水升到瓶口，而乌鸦也喝到了水。乌鸦喝水可能是我们小时印象里鸟类使用工具的唯一故事。

乌鸦喝水真的存在

研究证明乌鸦的综合智力大致与家犬相当。乌鸦有比家犬复杂得多的脑细胞结构。特别令人惊异的是，乌鸦竟然还具有独立使用甚至制造工具达到目标的能力——即使人类的近亲灵长类的猿猴也不过只能使用工具（借助石块砸开坚果），乌鸦还能够根据容器的形状准确判断所需食物的位置和体积，"乌鸦喝水"的故事反映了其思维的巧妙。

一般认为，人类是唯一会制作和使用工具的动物。但在自然界，这个说法并不绝对，据文献的记载，地球上有四个物种能够制作复杂工具以供自己使用，即人类、黑猩猩、红毛猩猩和新喀鸦。

科学实验证实了这个推测。为了研究乌鸦能否制造工具，德国马克斯·普朗克学会下属的鸟类学研究所和英国牛津大学的研究人员设计了一个实验来验证这个说法。8只新喀鸦面前是一个它们从未见过的箱子，科研人员把这个装有食物的箱子放置在一个透明的门后，这些乌鸦无法直接用喙打开门闩来获取食物。当为乌鸦提供了一根长棍时，所有乌鸦"知道"把长棍放进箱子的缝中来移动食物。随后，研究人员把箱子放置得离乌鸦更远，提供的工具更加短小，使乌鸦无法用单个工具直接碰到食物。研究人员惊喜地发现，有一只乌鸦可以把3到4个小零件组合起来，"制造"出一个更长的复合工具。乌鸦在制造工具时没有得到任何帮助和训练，完全靠它们自己想出解决问题的办法。

一些鸦科鸟儿会把交通工具当成胡桃夹子，把坚果扔在车来车往的路上。日本某座城市的小嘴乌鸦在红灯亮时，会把坚果放在斑马线上，然后飞回原地等待。绿灯亮起后，要是经过的车辆把那颗坚果碾开了，它会等红灯再次亮起时，飞下来叼走里面的果仁。如果坚果没有被碾开，它就会把坚果放到别的地方。还有一个视频让我印象深刻，一只乌鸦停在刚建好的木头栏杆上，把一颗坚果丢进栏杆上金属螺栓的圆洞里，将坚果卡在洞口和螺栓之间，把裂开的坚果固定住，从而用喙顺利地撬开坚果，吃到里面的果仁。有只名叫 Betty 的乌鸦能把笔直的金属丝弯曲成一个小钩，用这个小钩从直直的管道里钩取一小桶食物，而它单独用嘴根本做不到。

得益于各类监控和网络平台，鸟儿会使用工具的视频给我们的固有观念带来了冲击。啄木鸣雀由于它的舌头和一般的啄木鸟不同，无法直接吃到树洞里的虫子，所以它必须施展浑身解数，才能填饱自己的肚子。它会折断一些树枝来探测树洞里蛀虫的情况，如果发现这根不合适，就会换成另一根，直到发现最合适的工具为止。借助这根合适的工具，它顺利吃到了藏在树枝里的害虫。新喀鸦和拟鴷树雀也会用一根荆棘伸进树洞，寻找昆虫。

凤头鹦鹉以其创造新颖工具和工艺餐具的能力而闻名，它也会使用棍子。来自维也纳的科学家设计了一个试验，用棍子将一个球放入盒子的一个洞中，就可以得到触发奖励。在参与实验的 11 只凤头鹦鹉中，有 5 只完成了任务，而且一旦它们理解了，后续使用棍子试验成功的时间就会急剧缩短。

这些还不算完，在网上我还看到过红嘴蓝鹊使用牙刷撬开鱼缸盖子取食小鱼的精彩视频，看过一只松鸦用树叶从一个塑料盆里取水给自己清洁的视频。一个科普公众号附了一个精彩的视频，展示了一只名叫费加罗的凤头鹦鹉利用一截竹子制作出像棍子一样的工具，并进行调整，方便将食物扒拉到自己笼子里的过程。另外两只凤头鹦鹉也得到了竹子，但没有制作工具。这表明鸟儿就像我们一样，个体的能力各不相同。

## 鸟儿会社交

通过对鸟儿的观察，我们发现鸟儿之间也是存在社交的，鸟儿们不是独立的个体，而是群体性活动的个体，有主见，有情感，会表达自己的愤怒。

一生一世一双鸟的凤头鹦鹉就有着非常亲密的伙伴关系，它们会不断互相理毛，并关注对方的需求。和人一样，它们偶尔也会产生各种各样的摩擦和不愉快。但是为了持久地相伴，它们总会想出各种各样的办法和解。

集体劳动的过程中不免存在着若干的偷懒者。白翅澳鸦的巢中倘若有个偷懒的帮手，在喂食时只是假装帮忙，那么长辈就会责骂它。我们听不懂的一顿臭骂肯定是免不了的。一群灰短嘴澳鸦一起用泥筑巢时，轮班朝鸟巢运泥巴，偶尔有个别灰短嘴澳鸦站在边上旷工。这样的懒汉很快就会被发现，被高声咒骂甚至挨一顿打之后，它就会乖乖地重新工作了。

在纷繁复杂的自然界里，鸟儿学会社交，有时候也是迫不得已，它们需要共同合作，需要进行交流，合作才能更好地生存下去。

加州南部的歌雀可以通过互相发出同类鸣叫声（所谓的鸟鸣类型匹配）化解肢体冲突。在雄鸟之间，如果鸟鸣类型匹配未能化解冲突，就会发生肢体冲突，导致两败俱伤。鸟儿用鸣叫声（即表明它们并不愿意发生冲突）就争夺地盘问题进行谈判。最为成功的那些雄鸟是能与邻居共用多种类型鸣叫的鸟。

歌雀仅能在羽毛丰满后的头几个月里学会鸟鸣。这意味着，如果要成功推动地盘谈判，雄性歌雀就必须迅速学会邻家鸟儿的鸣叫声。学会谈判，让它们可以付出更少的时间，减少打架事件，节省大量的时间成本和能量成本。单独的个体再能打，也很难活到下一个年度。

眼神交流也是一种选择。波斑鸨迁徙飞翔时，是个安安静静的"美鸟"，两翅扇动，沉稳有力，并不会发出明显的声音，也不会通过鸣叫与同伴交流，多数时间是用眼睛交流。"给你一个眼神，你自己体会。"机灵的波斑鸨能够通过同类的眼睛，以及一些简单的肢体语言，完成交流。

## 鸟儿会筑巢

筑巢是绝大多数鸟儿的天生技能，鸟巢是鸟儿们生儿育女的地方，形形色色的鸟巢反映了鸟儿不同的习性和习惯。

鸟儿用什么造"房子"？大多数鸟儿用植物纤维、树枝、树叶、杂草、泥土、兽毛或鸟羽等随手可得的材料来造自己的"房子"。用有韧性的树枝搭建起"房子"的大致结构，柔软的叶子既能够保护房子里的鸟卵，又能够防止巢内的热量过快散发，有利于孵化和喂养小鸟。

不同的鸟筑巢的材料也各不相同。雀形目鸟儿，就是看起来像麻雀一样的鸟，在鸟类中种类最多，主要以细树枝和草茎、枯枝编织鸟巢。蜂鸟利用蛛丝、羽毛和树叶建造自己的鸟巢，外表采用青苔覆盖做伪装。啄木鸟喜欢在洞穴内铺垫一层碎木屑，啄完树木后正好带点回家垫屁股，可以保温防潮。企鹅、乌鸦还会在自己的鸟巢里放一些玻璃、贝壳等作为装饰吸引异性，也算作筑巢材料的一种。白尾鸥对自己巢穴要求特别高，支撑巢穴的框架必须是小叶树的枯枝，围草必须是草原上枯萎的齿叶草，整个巢穴基本筑完后，还要在巢穴上点缀一些灌樱红果。寒带地区特有的鸟类雷鸟由于周围没有什么植被，只能选用苔藓作为建造"房子"的主要材料。同样处于极端环境的秃鹰，其巢穴偶尔会搭在高大的仙人掌上，用刺和绒草搭出一个小窝，地势高，视野好，仙人掌又难以攀爬，可以很好地保护幼雏。

简单的乌鸫巢 　　　　　空调管边的鸟巢

在所有鸟儿的建筑材料里，只有一类会被人们所利用，就是名贵滋补品燕窝。顾名思义，燕窝就是燕子的窝，这个窝可大有来历。燕窝来自一种特殊的燕子——金丝燕，是它们用自己的胶状唾液在岩壁上筑成的，不含羽毛杂草，窝层肥厚，色泽透明，非常有利于雏燕的繁育和生长。主要分布在印度、马来群岛。海南省大洲岛国家级海洋生态自然保护区是中国唯一

长期栖息金丝燕的岛屿。

鸟儿大小不同,习性不同,"房子"自然也是大不一样。单单房子规模就差距不小:蜂鸟自身很小,造的"房子"也很迷你,只有一个茶杯那么大,吸蜜蜂鸟的巢穴直径只有2.5厘米,是最小的鸟类巢穴了。而有些鸟儿的巢穴就非同凡响了,世界上最大的单体鸟巢是美国的白头海雕建造的,而且会每年进行扩建。到了最后它们的巢穴可以足足容纳下一个人轻松站立。大多数鸟是独门独户的别墅,但也有例外。生活在南非的群居织布鸟共同建筑一个"公寓楼",远远望过去,就是一个挂在树上的干草堆。巨大的树枝是它们巢穴的基本骨架。电线杆上偶尔也是一种选择。在此之后,用各种枝条、干草搭建起一个又一个特殊的房间,并准确标出各个房间的边界。一座"公寓楼"可以长达9米,由所有居住成员共同维持,包含30至100个巢室,最多可容纳500只鸟一起居住。

另外一个问题来了,是不是鸟儿只能把自己的巢穴建在树上呢?答案并非如此。除了前面几个例子,啄木鸟在林区会主动选择天然树洞,再加以改造,实在找不到的,只能自己下一番苦力开出一个洞了。翠鸟会在靠近水边的地方打出一个狭长的土洞来作为自己的洞穴。猛禽一类通常会选择在岩石的缝隙中用树枝、羽毛等材料搭建一个粗糙的巢穴。珠颈斑鸠的巢穴是最不讲究的了。只要翻找各种新闻就可以发现,它会在各种各样的树杈里、建筑缝隙里和窗台上,甚至于花盆里,搭建一个极为粗糙的浅盘状巢。如果有一堆合适的干草,它甚至会选择不搭建自己的巢穴。和人类不一样,鸟儿搭建的巢穴只是用来繁殖的临时性住所，并非长期居住的地方。大多数鸟儿在下一个繁殖季节到来之前会再次选址，重新建设自己的家园。但也有少数例外，对于原来巢穴的翻新也是它们每年必须开展的工作。白头海雕、喜鹊、家燕等都是改造家园的好手。

## 鸟儿有家庭

鸟儿也有自己的家庭。鸟儿的夫妻关系有两种类型，一种是一夫一妻，一种是一夫多妻或者一妻多夫。其中一夫一妻的比例相对较高，占到了92%以上。

鸟儿之所以建立家庭，客观上是为了繁殖后代的需要。鸟儿没有乳腺，雏鸟在孵化出壳后，主要依靠亲鸟的喂养长大。通常一对亲鸟可以生产2~5个后代。雏鸟生长速度快，对食物的需求就更大。要维持一窝雏鸟的生长真的很不容易，只靠一个家长完全不够，单亲家庭不可能满足雏鸟抚育阶段的需求。雌鸟和雄鸟要每天24小时忙碌，单打独斗是远远不行的，要靠着夫妻齐心协力地配合才能够完成抚育后代的任务。

大多数的雌鸟承担了更重要的养育责任。我们通常可以看到萌萌的小鹧鸪、小鸳鸯跟在它们的母亲背后悠哉前行，嬉戏玩耍。雄鸟的责任更多地在获取食物和护卫家庭上。

一夫多妻和一妻多夫的情况也存在。欧洲柳莺虽然多数是一夫一妻，但也有少数"风流公子"会遗弃原配，另求新欢，但是当这只雄鸟有了两个家的时候，就难以分心照顾，只能帮助其中一户的后代存活下来。某些鸟儿一妻多夫的现象是有其特殊原因的。在实际观察中，传说中一妻多夫的水雉一半以上还是一夫一妻制，最多的一妻四夫只占了很小的比例。这是由于水雉雏鸟在孵化出来后，很快可以独自行走，自行觅食，对食物的需求和对父母照料的需求相对较小。体形较大的雌鸟担任了护卫的工作，雄鸟主要担负起了看护的责任。

传统的一夫一妻也并不意味着专情。虽然鸟儿绝大多数是一夫一妻单配制，自古以来有大量的文学作品描写了这个场景，但是，伴随着分子生物学对鸟类 DNA 的分析，科学家们发现一个秘密：具有一夫一妻家庭结构的鸟儿大多数有婚外繁殖的证据，也就是说它们存在婚外偷情的现象，就连在诗人眼中不离不弃的鸳鸯也概莫能外。

这种现象从生态学上也能得到很好的解释。雄鸟的婚外情现象之所以存在，是为了增大种群的繁殖。但有一点很不好，大多数情况下，雄鸟对偷情生的后代往往不闻不问，另外一个缺点就是非婚生子的后代要承担更多的风险。雌鸟也有类似的现象。有些鸟类的雌性在和壮年雄性个体结伴营巢后，也会偷着跟青年个体交配，这有效规避了配偶不孕不育的风险，同时降低了遗传疾病的概率。

鸟类雌性婚外配还有一种原因，就是避免外来雄性的杀婴行为，即为了争夺异性而杀害其他鸟儿的后代。白肚燕雄鸟就有嗜杀幼雏的习惯，它们霸占了一个雌鸟的巢后，如果发现巢中有已经孵化的雏鸟，就会把巢中的幼雏一个一个丢出去。白肚燕雌鸟为了保护自己的后代，只能想出了一个办法，来者不拒，和所有的来客交配。雄鸟如果发现这个雌鸟和自己交配过，就分不清巢中雏鸟是不是自己的，只能选择停止杀雏行为。因此白肚燕的巢穴中的雏鸟可能是不同雄鸟的后代。

## 鸟儿领地战

鸟儿为了争夺食物，获得生存的领地，会开启特殊的战争模式，这就是领地战争。鸟儿在繁殖期内的领地战更具攻击性。

鸟类领地战争的模式通常有这么几种。一种是以其巢穴作为圆心划定一定的区域。通常来说，鸟儿体形越大，划定"势力范围"的半径越大。小型鸟儿通常划定500米的半径，某些猛禽的"势力范围"半径就超过了20千米。要是外来者进入其中，可能会触发其攻击性，就像触发了某种战斗警报。一旦它们发现外来者无视其警报，就继续它们的驱逐模式。这是第二个阶段，从天而降的近距离的快速俯冲，就如同俯冲轰炸机般给人以莫大的恐惧。最后就是最重要的一个阶段——开战。

战斗模式中，鸟儿的眼中就仿佛装上了攻击雷达，目标已经提前锁定，对准对方的全部要害开展全方位的攻击，大声鸣叫、翅膀拍击、尖喙啄击是最有效的手段。极个别情况下，它们也会化身为"愤怒的小鸟"，和对手体验一把撞击的感觉。

这只是最普通的情况。那么我们分析一下到底是由雌雄鸟中的哪一类来执行这个攻击呢？大多数情况下，开展攻击的鸟儿以雄性为主。虽然也有亲鸟两夫妻共同出击驱赶敌人的情况，但更多的情况是一只留守在家，另一只出来驱赶外来者。大鸨、红腹锦鸡、孔雀等鸟儿却完全相反，瓣蹼鹬的雌鸟羽色比雄鸟更为艳丽，体形也更强壮一些。在繁殖期，雌鸟会自己选择领地来作为繁殖地，并且为了争夺和保护领地，非常"爷们"地大打出手，颇有一家之主的风采。

一篇发表在国外期刊上的文章通过给啄木鸟安装定位装置来探索其领地战争。科学家们发现一个奇怪的现象，部分鸟儿拼命争斗起冲突之时，还有其他个体从几千米外飞过来围观战斗，前来观摩具有参考意义的战争。如果你走近一些，会看到三四十只鸟组成的十几个联盟在树枝上打斗和栖息。这意味着每一次战斗可能会有40~50只啄木鸟参与。

"一个族群必须打败所有其他族群才能在这片领地上赢得一席之地，这对动物来说是非常罕见的。"这是科学家们得出的论断。尽管不少鸟群已经有了自己的"谷仓"，但它们还是会每天来观看一小时的战斗。研究人员推断，社会信息收集带来的好处可能会超过长期无鸟看管它们自己的家园所带来的代价。啄木鸟生活在紧密的社会网络中，由于它们经常飞去其他地区，所以它们知道哪儿有共享的领地。这是啄木鸟的领地战争模式，不同种类的鸟儿之间也会发生这样的战争。

即使不在繁殖期内，不同鸟儿由于互相之间存在捕食对象一致的情形，也会引发一定的领地战争。我就看过这样的一个视频，由于意外到来的小天鹅惊扰了鸬鹚的捕食计划，使得美餐泡汤，生气的鸬鹚就采取了强烈的报复手段，先是快速逼近小天鹅，大声尖叫，扑扇翅膀。小天鹅被吓得连连惊叫，从水面腾空而起，慌忙逃窜。鸬鹚并没就此罢手，而是紧追不放。这一小一大、一白一黑，在天空竞逐、盘旋，引得水面上的野鸭纷纷围观，原本平静的湖面瞬间热闹起来。只见这只"气愤"的鸬鹚对小天鹅一直穷追不舍，环绕整个水湾一圈，直到将其赶出水域中的传统势力范围后才罢手。

## 鸟儿和寄生

在自然界里，植物有寄生现象，鸟类同样也有。鸟类的寄生简单地讲，就是某一种鸟儿将自己的卵产在其他鸟类的巢穴里，让其他的鸟替代自己孵化、养育后代。这种行为听起来有点残酷，但对于寄主是有利的，因为它不用去建造自己的巢，不用花费大的力气去养育自己的后代。而对于被寄生的那一类鸟会产生相当大的影响。它们的子女会被其他体形巨大的鸟儿所侵犯，甚至被挤出自己的巢穴。被寄生者需要花费极大的力气和更大的精力去养育别人家的后代。

中国有一个很有意思的成语"鸠占鹊巢"。从生物学角度而言，这就是典型的巢寄生现象。这一成语包含有"鸠"和"鹊"两种鸟，值得注意的是，"鸠"不是斑鸠，而是一种杜鹃，"鹊"也不是喜鹊。斑鸠是自己筑巢、自己孵卵的鸟儿。喜鹊的巢呈球形，出入口开在侧面，结构巧妙，易守难攻。喜鹊的体形比杜鹃大，生性凶猛、机警，杜鹃很难有机会靠近鹊巢，而且野外实际观察中并没有发现杜鹃寄生在喜鹊巢里的现象。因此"鸠占鹊巢"里的"鹊"并非喜鹊。这个成语要《咬文嚼字》进行更正的话，可能是把"鹊"当成"雀"的通假字，其实是"鸠占'雀'巢"。这样一改既能够保留读音，又符合客观实际，可谓是两全其美。这个成语里面的寄生者指的是杜鹃科的几种鸟，而被寄生的鸟儿是体形较小、战斗力弱小的雀形目鸟，寄生的幼鸟通常比养父母还要大，养父母没有足够的能力把对方赶走。

巢寄生的过程是这样的：杜鹃在寄生者的家里产下一枚卵，然后将对方的一枚卵带出巢外，并不是它们会数数，这只是其习惯性行为罢了。外来的卵在孵化破壳而出之后会将未孵化的卵排挤出房间之外。紧接着它会同身边的兄弟姐妹争抢饭食。杜鹃的幼鸟嘴巴通常较大，争抢饭食优势极大。直到有一天，杜鹃的幼鸟长得比自己养父母还要大，这时候养父母就要花费更多的时间和精力，最终给养父母造成极大的负担。

两者在漫长的自然进化中也开始了斗争。由于要选择其他鸟类替代自己把后代抚养大，寄主就要精确确定其他对象的产卵时间，既不能太早，那样它在空空的巢穴里会太过突然；也不能太晚，否则无法得到养父母的足够重视。

燕八哥就是典型代表，它有许多备选对象，开展不间断的访问。啸声牛鹂是最勤劳的，平均"到访"一个鸟巢 27 次，几乎是紫辉牛鹂的两倍。啸声牛鹂的"房东"下蛋时间通常不固定，啸声牛鹂不得不强迫自己随时调整下手时间。

发表在《四川动物》杂志上的一篇文章报道了在贵州省发现的翠金鹃在棕腹柳莺巢中寄生繁殖的事例，这是一个新出现的案例。来寄生的客人并没有模仿对方卵的形状和大小，另外一方也没能识别出有一枚外来的卵和自己的有所差异，就一并抚养。鸟寄生更多的情况则是寄生者像是预先商量好的，分成了若干个流派，分别学习不同的模仿技能，针对不同鸟类对象，模拟其蛋的花纹、颜色、形状、大小。总有那么几个固定的对象被它们盯上。特殊的模拟手段，使得对方防不胜防。

部分聪明的鸟儿会敏锐地发现自己的蛋里出现了外来者。它们会发现自己的蛋气味有点不太一样。聪明的它们会把外来者赶出自己的巢穴，从而让自己的后代得到更好的保障。

鸟寄生是自然选择的结果，并没有好坏之分。至于这件事是遗传物质所决定的还是环境因素的影响，我们需要更多的数据来研究。可能有这么一天，某种鸟类发现了自己的天赋技能，开展了新的生活。

## 鸟儿划范围

动物普遍会划分范围作为自己的领地，鸟儿也如此，特殊之处在于由于鸟儿有强大的迁徙能力，这个范围可大可小，神秘又广泛。鸟儿的领域既可能是一个固定的范围，又可能是随时间变化的区域。

鸟儿划分领地的原因是它们可以从这个区域中获得足够的食物，保障足够的安全，使自己在繁殖中受到的干扰最小，保证后代的数量优势。

候鸟的领地并不固定，和生殖地点没有直接的关系，但留鸟（我们一年四季可以看到的鸟）为了在寒冷的冬季有一片食物充足的领域，让自己在来年的繁殖中占有更大的优势，就会想方设法寻找到更好的居住环境，因为有了食物充沛、植被繁茂的领地，就像部队寻找自己的根据地一样，躲避天敌也更有把握，其种群也能够得到更好的发展。

鸟类领地是不是越大越好呢？事实并不如此。北美洲的一些猛禽20平方千米的领地算得上是面积巨大的。而海边黑尾鸥的巢和巢之间紧密地挤在一起，个体挨得很近。

这一切都和领地内的食物资源有关。领地内的食物密度越大，鸟儿单个个体所需要的面积也就越小。因此鸟儿需要更大的领地的原因是食物不足。植物类、昆虫类、肉食类鸟儿的需求是完全不同的。除了鸟儿的食性不同，不同区域内的植被类型也会对鸟类领地产生巨大的影响。

既然建立了领地，那么保卫自己的领地是应有之义。保卫领地的手段又有哪些呢？和人类建立一个国家要付出很大的代价相类似，鸟类划定自己的"势力范围"同样如此，既要花费相当多的时间巡视，又要付出相当多的精力保卫。领地一旦建立起来，除了直接发生冲突、互相打斗外，鸟儿会使用各种手段来彰显脚下这块领地的存在感。

不同的鸟儿会使用不同的歌唱节奏来彰显自己对于领地的所有权。最显著的标志就是当鸟儿划分了自己的势力范围后，它的鸣唱就会显得相当欢快，节奏跟曲调也会发生变化。这给外来的入侵者造成一种假象，感觉那里已经有数种鸟在等着自己了，鸟儿借此把同类的鸟儿驱逐在区域范围之外，并警告那些外来户远离自己的一亩三分地。声音无疑是静寂的森林里最好的标记物，啄木鸟会用它粗短的喙有节奏地敲打树干，以此来彰显自己在这片森林的主导权。鸟儿不单单只是警告自己的同类，对于其他和自己相类似的、可能成为自己竞争对手的物种，也是照赶不误。

这里有一个研究的案例：如果把大山雀从它自己的领地中带走，那么用不了几个小时，其他大山雀就会进入到它的势力范围，重新划分领地，但把这只大山雀的鸣叫录下来循环播放若干个小时，即使时间过去24个小时，其他的大山雀也不会轻易进入这片林地，它的领域依然稳若磐石。

当鸣唱和特殊的声响对于可能的入侵者都无效时，站出来战斗也是必要的手段。绝大部分雄鸟体形较大，这种保卫领域的任务对雄鸟而言自然责无旁贷。一部分鸟儿负责护卫，一部分鸟儿负责找食物。水雉雌性要比雄性大上一圈，那么就只能男主内女主外，雄鸟让自己的另一半去外面和其他的同类斗争。

## 鸟儿有互助

为了生存、保存后代或者获取更多的食物，有的鸟甚至在自己的巢里发生"战争"，种群之间的竞争更不用说。不过，这是鸟类相互关系的一个方面。鸟类相互关系还有另一方面，那就是互助互爱、温情脉脉。

在世界上约8600种鸟中，人们观察到有300多种鸟能帮助别的鸟育儿。这些能帮助其他鸟的鸟被称为"助手鸟"。助手鸟的活动主要是帮助其他鸟繁殖后代。一般分为两类，一类是血缘性，一类为互酬性。血缘性的助手鸟经常是帮助亲鸟孵卵，从叼草做巢开始，到觅食警戒，再到给雏鸟御寒等。这中间，也有非亲非故的鸟充当助手。非洲维多利亚湖和奈巴夏湖四周的翡翠鸟就有血缘关系的鸟作为助手。在肯尼亚密林的戴胜鸟中，只有非血缘关系的鸟才会作为助手。

互酬性的鸟类往往不是单纯的利他行为，它们之间的帮助含有更大程度的互助互利的因素。帮助他鸟育儿的助手鸟也有繁殖能力。在它们自己不忙的时候去帮助别人，等到自己繁殖期到来时，其他鸟也会来帮助它。

还有一种助手鸟的行为既不属于血缘性，也不属于互酬性。有人发现一只鲣鸟来来回回地觅食，它不是自觅自食，而是将食物送往另一只鲣鸟的嘴中，目击者十分奇怪，因为待哺的鲣鸟看样子也不像是雏鸟。在进一步观察中发现，原来那是一只下喙齐根折断的老鲣鸟，老鲣鸟自己根本无法觅食，同伴担负起了"照料"它的生活重任。还有人观察到一只山鹬的腿受伤了，另一只山鹬衔来湿泥和树皮草茎，精心地敷在同伴的受伤部位，如同给同伴的伤肢做一个"夹板"，好让伤肢复位固定。鸟类这种相助相爱的行为，给我们什么启示呢？

## 鸟儿也度夏

炎炎夏日，鸟儿如何度过这酷热难耐的时间？在夏天，不少鸟儿会在树下的阴凉处或者是在森林的小溪里寻找凉快的地方。一处可以洗澡的澡盆会是极佳的地方，鸟儿在草地上的喷水装置边洗上一个澡，喝上两口，想想都是很惬意的事情。家里养过鸟儿的小伙伴们可能更有体会，在夏天大多数鸟儿会迷上洗澡。它们也和人一样,喜欢水里凉爽的感觉。夏日森林里的小溪中,经常能看到白腰文鸟、白头鹎等在洗澡,一群小毛球一边梳理羽毛一边戏水的样子真是可爱。

这就要说到另外一个问题——鸟儿会出汗吗?答案就是鸟儿并没有像人一样的汗腺,它们要降低自己的体温,最好的办法就是大口大口地呼吸,把热气顺便带走。这一点跟狗很像。这种散热方式听起来似乎有些天方夜谭,但确实是鸟儿度过这炎炎夏日的最佳散热手段。如果是在夏天的中午来观鸟,那你肯定能欣赏到这样一种奇观:停栖在枝头的雏鸟张着嘴,也不叫,就只是长时间维持着张嘴的状态,看起来像被热傻了一样。不过不用担心,这是一种正常的鸟类行为。你问它们在干什么,当然就是前面我说的散热方法!至于原理,就和扩大电脑的散热出风口差不多。

鸟儿自身没有覆盖羽毛的地方散失热量更快。有些鸟儿需要膨胀这些特殊的部位,增加散热面积,达到快速降温的效果。夏天有风吹过的时候,鸟儿会张开翅膀,蓬松羽毛,抖一抖,让这凉爽的风在羽毛里打个循环,带走皮肤的热量。有时候天气太热,它们也会一直张开翅膀散热。

有些鸟儿就更特殊了。巨嘴鸟在高温和飞行条件下,大嘴能够散掉大量的热量,通过在喙中流动的血液来调节体温。它的喙是已知最有效的散热器,能够释放 4 倍于其静止时所产生的热量。这一效率同时也达到了象耳或鸭喙的 4 倍。

我们知道白色通常可以在一定程度上反射阳光。有些鸟儿就会直接在天热的时候将排泄物喷射到自己的脚上以蒸发吸热,其中白色的部分是反射阳光的好材料。这和我们夏天穿上防晒衣的原理极为接近。

最热的时候,鸟儿会减少出门的频率。它们通常会选择夏日的早上或者晚上稍微凉快的时候觅食、歌唱。

## 鸟儿也越冬

对于鸟儿而言,寒冷的冬天是一个需要努力克服的难关。

在冬天,鸟儿们为了不挨冻,想出了各种办法。有一部分鸟儿会在寒冬来临之前,选择飞往相对温暖的地方继续生活。虽然这是一次又一次艰难的旅程,它们也会年复一年地坚持下去。当然了,有些候鸟由于某些地方食物充沛,即使在寒冷的冬天也会留下来,变成了留鸟。

在冬季,枝头还悬挂着的果实是鸟儿们最好的食物来源。在郊外的一棵野柿子树上我就曾经看到灰喜鹊、喜鹊、红嘴蓝鹊、斑鸫、红尾鸫、灰椋鸟、丝光椋鸟等多种鸟走马灯似的轮流进食。在公园里一些人不爱吃的果子,像小叶女贞的黑果子、金银忍冬的小红果子,也一样大受鸟儿欢迎。松柏的种子同样会吸引雀形目的雏鸟,来嗑柏树籽的鸟儿可不少,麻雀就是其中的代表之一。冬季预先萌发的花芽、叶芽也是众多鸟儿的美食。黑水鸡是冬季常见的水鸟,水面上的植物和水生昆虫都会一并享用,绝不挑剔。把好吃的囤起来也是个不错的主意。每当北美的秋天来临,橡实啄木鸟就会到处凿洞,枯树、电线杆乃至居民的木屋统统不放过,然后不辞劳苦地往小洞里一一塞进橡子。靠着辛苦收集和互相偷窃，松鸦可以积攒数以万计的橡子和其他坚果，分别藏匿在上千处树洞或者地下掩埋点里。在随后的漫漫长冬，它们就不用担心吃了上顿没下顿了。

松鸦塞橡子　　　　　　　　橡实啄木鸟塞橡子

在寒冷的冬天，雏鸟大多数选择在家里窝着不出门，减少行动，绝对是没错的。无论是石缝、树洞，还是灌木丛、枯草堆，都能帮助藏身的鸟儿减少热量消耗，使得它们有可能熬过饥寒交迫的日子。尖尾松鸡挑选合适的雪堆挖掘洞穴，钻进去之后小心地封闭洞口，机智地设置好雪洞的呼吸孔，它便可以安心地静卧其中，远离饥饿，度过漫漫长夜或者风雪交加的日子。

在无法觅食的寒冷夜晚，安氏蜂鸟能把体温从40摄氏度降低到只有十几度，心跳从每分钟几百次减缓到几十次，陷入近乎深度昏睡的休眠状态。等到阳光再次照耀大地，它们会以发抖的方式燃烧体内脂肪，在几分钟之后精神抖擞地满血复活。凭借这种按需调节体温和心跳、减慢新陈代谢并减少热量消耗的神奇本领，只有10厘米大小的安氏蜂鸟，居然能在加拿大的酷寒天气中存活。

## 鸟类杂记

　　有些和人类比较亲近的鸟儿会选择把窝搭建在人类的住房附近，以此汲取热量、抵御寒冬。如果冬日里有太阳，它们也会选择晒上一个露天日光浴，来获取宝贵的温暖和热量。

　　在极端严寒情况下，你可以看到鸟儿抱团取暖的景象。冬天通常可以看到有鸟儿站在树枝上一排排抱成团，减少自己的热量散发。我流失的热量你吸收，你流失的热量我吸收，鸟群越大，贴贴的效果就越好。生活在南极的王企鹅可以挤成上千只的集群，中心的温度甚至高达 37 摄氏度。

　　羽毛是鸟儿抵御严寒的最好法宝，它们通常会选择用厚实的冬羽换下花哨的繁殖羽，防止身体热量的白白散失，以适应天气的变化。鸟儿保暖主要依靠紧邻体表的绒羽，绒羽既轻又软，形成隔热性良好的空气层的同时还不增加体重。不少鸟儿会在天气变冷前最后一次换羽的时候换上更多羽毛，它们看起来像一个个小球球，是因为在变冷时，它们主动使自己的羽毛蓬松起来从而留存更多空气。

　　有些鸟儿喜欢冬天浮在水面上，因为单位质量的水能承载更多热量，水的温度变化总是比周围的空气小，要是能像雁鸭类一样通过隔绝水来避免散热，泡在水里其实比在陆地上更温暖。

　　露在外面的腿看起来似乎很容易散发热量，鸟儿也会使用所有恒温动物都会的"常规操作"，比如冷了就抖、多吃，以便提高新陈代谢，或者借助脂肪层保温（会胖但是不显眼）。

# 鸟儿和人类

## 人类的影响

和其他动物相比,鸟儿和人类相处的时间并不长。人类的存在只是鸟儿发展历史中很短的一部分,但却对鸟儿发展产生了重大的影响。

鸟儿受到的威胁是全方位的。栖息地的丧失是它们种类和数量下降的最大原因。三十六计走为上,不少鸟儿没地可住了,就只能选择远走他乡。事情并没有结束,所有的研究报告都确认了一个现实:当前的物种灭绝速度是有史以来最严重的。人类对于自然的索取无疑是重要的原因之一。

捕猎对鸟类影响非常大。旅鸽的悲剧就是最好的例子。曾经数量无比巨大的它们在半个世界里被猎人用枪打、用网赶,把它们变成了食物甚至是饲料。这还不算完,在新的繁殖点,又有一批新的猎人在等着它们。曾经有数十亿只的旅鸽在1914年灭绝了,这应该是历史上第一次工业级的大规模捕猎。曾几何时,黄胸鹀还是欧亚大陆数量最多的鸟类之一,整个北半球都有它的身影。20世纪80年代以后,黄胸鹀的数量开始骤减,其主要的一个原因是——味道太好了,人们把它作为了美食,它的命运就可以想象了。

贸易笼鸟饲养也是鸟儿数量减少的重要原因。曾经有一个宣传语"没有买卖，就没有杀害"，说得非常有道理。聪明的鹦鹉是人们喜欢的玩伴，人们对某些特殊鹦鹉的野外捕猎和非法贸易，使得它们在原生地遭到了巨大的伤害。

工程建设对鸟类产生了巨大的影响。滨海湿地大规模围垦填海作业和水产养殖项目都危及候鸟赖以生存的饭碗。全世界滨海地区建设力度增大，滩涂面积减小，大量潮间带滩涂和浅海湿地被围垦，使得水鸟栖息地的空间被大大缩减。而这些地方也是候鸟迁徙路上的加油站，它们在此歇脚、补充能量，以便继续迁徙之路。

过度捕捞也是鸟类面临的重大威胁。对海洋资源的过度索取，使得鸟类食物短缺成为常态。鸟类为获得充足的食物，要飞到更远的地方，这使得抚育后代的成本急剧上升。在海岸边成群结队的黑脚三趾鸥曾经在英国苏格兰的圣基尔达岛上生活了无数的岁月，和20多年前相比，其数量下降了95%以上，原因之一就是人类过度地捕捞导致它们食物短缺，从而产生一系列的后果。

过量使用的农药也对鸟类产生巨大的威胁。通过历年的新闻可以发现，由于农药使用不当而导致大量鸟类中毒甚至死亡，或是由于使用农药过量导致某种鸟类在该地区绝迹。近些年出现的低毒农药对于鸟类的影响开始减少了，但鸟类对部分农药还是不可接受。高毒农药呋喃丹危害性最大，一只小鸟只要吃上一粒呋喃丹就足以致命。事情并没有结束。呋喃丹中毒致死的小鸟或其他昆虫，被猛禽类、小型兽类或爬行类动物捕食后，可引起二次中毒而致死。农药对于庄稼起到了保护作用，但是事情并没有人们想象的那么美好。大自然本身的食物链决定着鸟类可以以昆虫为食，也可以以植物为食。当人们用农药消灭了本应该作为鸟儿食物存在的这部分昆虫时，鸟类的食物来源断绝了，那么鸟类的食谱就会自动切换，庄稼有时候也是鸟儿可选择的食物。

鸟儿也会反抗。1932年，澳大利亚发生了一场大旱。为了寻找水源，大鸟们聚集起20000只的巨大鸟群。由于数量上的优势，它们在澳大利亚各地横行无忌，吃任何它们看到的东西。在平原上，它们看起来像一群超大号蝗虫，密密麻麻，无边无际。它们经常跑到农田去偷吃牲畜的食物和喝饮用水。人们无法忍受，希望把它们赶走。但它们超强的攻击性和战斗能力，使得人类徒手空拳根本就无法将其战胜。军队也加入了战斗，这是澳大利亚第二次人和动物的战争。几个月下来，数千只的鸟儿倒在枪下，政府还颁布了悬赏令，发布对这种鸟儿的江湖追杀令，直到1964年，澳大利亚仍然鼓励捕杀。这期间14000多只鸸鹋被杀死。1988年，相关法律法规逐步完善，鸸鹋才得到了保护，但是种群数量却早已不复当初。

人类对于鸟类的影响是重要的，鸟儿在漫长的进化史中除了要应对自然界的灾害、气候变化等，还要面对人为活动的影响。

鸟类杂记

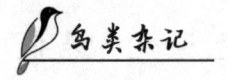

## 鸟儿报天气

　　动物对于天气变化十分敏感，鸟类在天气变化前发生的异常行动，为我们提供了充足的天气预报的警示。

　　古今中外关于鸟类预报天气的谚语可不少。亚里士多德的学生、后来的同事伊勒苏斯在《符号之书》中总结了一套民间的天气谚语。这些神秘的带有乡土气息的知识是这样描述的："苍鹭在清晨鸣叫是风或雨的征兆；如果它一边朝大海飞一边叫，那就是只有雨，没有风；一般来讲，如果它大声鸣叫，那就是大风的征兆。"

　　中国古代也总结了诸如"雀噪天晴，洗澡有雨""久晴鹊噪雨，久雨鹊噪晴""喜鹊枝头叫，出门晴天报""喜鹊搭窝高，当年雨水涝""候鸟早飞来之年，雪较多""燕子低飞要落雨""乌鸦沙沙叫，阴雨就会到"等不少谚语。这些都是广泛流传于民间的天气谚语，反映了劳动人民的生活实践经验，口口相传，很是灵验。

　　日常生活里，我们只要做一个有心人，就会发现鸟类作为天气预报员相当称职。单是预报下雨与否，不少鸟就非常称职。我们最常见的麻雀是相当标准的"晴雨表"，清晨的枝头有它们的齐声欢唱，天气就一定差不了；它们行动迟缓，叫声悠长缓慢，预示着晴好的天气快结束了，雨点已在路上了。黄鹂预报天气晴朗时，会发出长笛般的欢快叫声；一旦未来天气转阴，叫声会转变为像猫一样的低鸣。喜鹊在清晨的树枝上跳跃，叫声欢快,意味着天气就要放晴了;喜鹊起起落落,忙于做窝,叫声杂乱,沉闷压抑,阴雨天就要来临了,因为它们需要在暴雨来临之前给家里的小窝做好防护。大雨之前,燕子不但低空飞行,还会上下翻飞、忽起忽落,有时还在水里掀起一圈涟漪。

珠颈斑鸠在下雨前,会连续发出"咕咕咕"的叫声,当日天气转晴之时,叫声会变为"咕咕红登"。对于这一点,我的体会最深,多年来准确率百分之百,鸟鸣

天气预报员珠颈斑鸠

是我爬山前必听的叫声。对天气变化非常敏感的乌鸦,其叫声转变是最好的预报。在大雨来临前一两天乌鸦会一反常态,不时发出高亢的鸣啼;一旦叫声沙哑,便是大雨即将来临的信号。在夏秋日出或黄昏时,如果猫头鹰连叫两三声,叫声像在哭泣并跳跃不停,必是下雨的征兆。

寒潮也是鸟儿的预报科目之一。大雁是预报寒潮的专家。当北方有冷空气南下时,大雁往往结队南飞,以躲过寒潮带来的风雨和低温天气。提早南下的寒潮,会导致外地的候鸟提前到来。雪天的预报是鹰类的专长。鹰一般很少发出叫声,只有当地面有食物可猎取,或冬天气温很低,感到寒冷难以抵御时,才会鸣叫。冬天高空气温很低、地面食物又很少的时候,下雪

的可能性非常大。风暴之前,大群海鸟的栖息时间变长,不少鸟类在风暴结束之前绝不外出,以减少自己的活动。

鸟儿之所以能够预报天气,首先是因为物理因素的变化。风暴前鸟类停止活动是因为低气压的来临,空气密度上升,同等速度下空气阻力变大,导致飞行困难。燕子之所以在下雨前低空飞行,即是因为大雨来临之前大气中的气流非常紊乱,这使得燕子在高空得不到合适的气流飞行。临近下雨时鸟儿叫声的变化,可能是空气中的气压变化引起的。

自身生理上的变化是另一个重要因素。因为大雨来临之前,含氧量降低,空气变得非常潮湿,会把天空中飞行的昆虫翅膀沾湿,昆虫就不能自由飞行,都向地面附近聚集。天气晴好时,上升的暖流会带动微小昆虫向高处飞行,使得以昆虫为食物的鸟类飞行高度也随之变化。

## 鸟儿报地震

地震的预报是一件非常困难的事情。虽然人类掌握了越来越先进的地震测定技术,但要预测地震还需要依赖于其他的手段。通常情况下,我们不能根据一些较小的地震来预测大地震。具体在什么地方、什么时候会发生地震,很难给出准确的答案。

通过仪器的观测获取地震信息通常称为微观异常,而通过人所发现的异常现象获取地震信息,称之为宏观异常。在宏观异常里面,最容易发现的就是各种动植物的异常。

国内外的地震实测中发现了130多种动物在地震前会出现

异常情况。鸟类是其中重要的具有震前异常反应特征的动物之一。

以下几个例子是在文献或者是报道中有据可查的。唐山大地震前，1976年7月27日夜里，丰南养鸡场的鸡有30%乱飞乱跳，三个值班员以为鸡生病了，不敢睡觉，观察鸡的变化。突然，大地震发生了，三个人都跑了出来，发现鸡舍底下有一条大的地裂缝，正在冒气，气味非常难闻。唐山大地震的前夜，唐山市郊栗园公社茅草营大队王财家里的鸭子一见主人就立刻齐声叫起来，伸长脖子，张开翅膀，摇摇晃晃地扑上前，王财走到哪儿，它们追到哪儿，拼命用嘴咬着他的裤腿。

但并不是所有的异常都是地震的预兆。在不少地区我们看到大量鸟类集群出现另有原因，或者是某些巧合产生的特殊情况。有些地方出现过大量燕子在低空不断穿梭的情形，不少人把它拍成视频传上了网络。这并不是地震的先兆，这是因为在春夏之际，天气变热或者接近下雨前，蚊虫在某些区域大量出现，吸引了大量的燕子在傍晚的某个时间不断穿梭飞行，来捕捉蚊虫。出现过此类异常现象的地方并没有出现地震，也证明了这一异常现象并不是地震的征兆。

动物异常出现过乌龙现象。2020年贵州的一种雏鸟火出圈，它的叫声被人炒作成"虎啸龙吟"，甚至跟地震联系到了一起。主角是黄脚三趾鹑，视频里它的声音开始变得奇怪起来，有时候像虎，有时候像牛，有时候高亢，有时候闷闷的，引得众人纷纷赶往事发地一探究竟。有人把这种"奇怪"的叫声跟地震联系到一起，认为事出反常必有妖，不管是不是"龙叫"，这一定是地震前兆。而事实证明，这只是这种鸟儿的特殊叫声加上了后期的特效而已。有些鸟儿的异常只是我们没有关注到的正常现象，特殊的案例并不能作为普遍化的规律来进行宣传。

在不少文献中都会有出地震之前，动物有异常举动的论述。但是这样的宣传也有其不科学的一面。如果任由这些不科学的未经正式确认的论断大量传播，非常容易在网上引起不必要的麻烦。官方辟谣此类事件的信息难以真正说服公众，出现尴尬也就并不奇怪了。

总而言之，预报地震是一个世界性、长期性的科学难题，我们在开展地震科研工作的同时，要加强科学仪器的投入，加大新技术的应用，还要建立起地震科学试验场。生物特殊现象预报地震虽然没有取得决定性的科研成果，但是在地震概率预测等方向上已经取得了一些前期性的成果，例如地震概率预测、地震灾害预测以及对地震活动的随机性、起伏性、比例性等基本特征的分析。如果能让大家多了解这样的知识，大家就会更加理性地看待地震了。对于一些异常现象及涉及地震预测的观点和说法，人们一方面怀疑这些说法的可靠性，另一方面担忧可能出现的地震危险。灾难面前，人类可能远不及动物感觉敏锐，但人类依靠自然科学的长期研究，总有一天会克服地震科学这个难题，让地震不再危害人类的安全。

值得欣喜的是，2023年我国在四川雅安建立了一座养殖场兼动植物地震前兆监测点，安装了数个超清夜视监控摄像，实现了24小时线上地震前兆监测。鸡、鸭等家禽在这里将会得到全方位的关注，它们将在这里证明人们的某些判断。

## 鸟巢人工造

可能有人看到题目就会有这样的疑问：鸟儿不是自己会建造鸟窝吗？为什么要人工来造一个鸟窝呢？为了吸引鸟儿，人们主动用各种材料为它们搭建了各式各样的鸟巢。

那么什么样的鸟巢最受鸟儿欢迎呢？现在用木板做成的鸟巢最受鸟儿的欢迎，也是最为普遍使用的鸟巢。我们要搭的这种木板箱，可以用各种木材的边角废料制成。这种鸟窝大多用松木来制造，由于松木不容易变形、不容易开裂，使用的时间较长，这一类鸟巢的寿命可以超过五年之久，而且可以重复使用。鸟巢顶部要留有外翻的盖子，并向外延伸出两三厘米，作为屋檐，为鸟巢的洞口遮挡风雨、遮蔽阳光。鸟巢外面留上一个小洞，并且用各种材料堵塞好木板之间的缝隙，要是有条件刷上深色油漆就更好了，迷彩色效果比较好。粗粗的竹筒锯上一段，挖上一个小口，放置在隐蔽的角落，也是一个非常好的选

常见的木质人工鸟巢

择。

  这种木头制作的巢箱能够吸引大山雀、红尾鸲、灰椋鸟、白眉姬鹟等。要是巢箱更大一点，就会有更大的鸟儿前来入住。每一个人工鸟巢都不到几十立方分米，却是一处天然的野鸟栖息住所。人们悬挂各种人工鸟巢，吸引众多的鸟儿在林子里和谐地生活着，共同构筑起一个温暖、宁静的港湾。如果天气不好，鸟儿只在房子附近活动，遇到狂风暴雨等恶劣天气，它们就会立刻返回自己的巢穴。

  鸟巢做好了，什么时候投放有讲究。在5~6月，气候温和，植被丰富，昆虫数量众多，食物和环境都极为适合鸟类的繁衍，而这个时候，鸟儿会寻找合适的巢穴来经营它们的家庭，生育其后代。我们需要提前两个月以上把鸟巢悬挂在合适的地方。因为新制作的鸟巢有人类的气味，鸟类不会轻易接近，这就需要一定时间散发和人有关的气味，以便于鸟巢的气味可以跟周围融为一体。

  一个安全舒适的鸟巢是鸟儿繁殖时所急需的。生态环境好、人迹罕至的地方悬挂的鸟巢入住率会比其他地方更高。在北京城市公园里悬挂的鸟巢大约35%以上有鸟入住。在林区其入住率可以达到70%以上。大山雀、猫头鹰、麻雀、啄木鸟、北红尾鸲、灰喜鹊、丝光椋鸟等都是人工鸟巢里最常见的房客。浙江的观鸟老师经常拍到小猫头鹰居住在人工鸟巢里的照片。

  湿地里有些湿地公园专门为天鹅、野鸭等水禽在水面上搭建了人工鸟巢，颇受鸟儿们的青睐。水上的人工鸟巢其实很简单，就是利用两根木头、几捆稻草做成一个小小的筏子，其实就是模仿水鸟在水面上用水草搭成的各种浮岛式水上建筑，这既方便了水鸟的停留，也为公园增添了景观。

水上人工鸟巢

## 餐桌上的鸟儿

原始人既要采集各种可以食用的植物，又要四处捕鱼、打猎。早期的原始人制作工具的能力较差，天上飞的鸟儿他们难以企及，捕捉到的极少，这也是我们在不少原始人墓葬里极少找到鸟类的原因。

伴随着工具的进步，人们开始使用网来捕鸟，用陷阱来捉鸟，鸟儿成为我们祖先食谱中的常客。当时人们就意识到不能无节制地捕猎鸟类，要和它们和谐共存，在捕鸟时要保护幼鸟和鸟蛋，使得万物能够永续生长，体现了中国古人对于大自然的爱护之心。在《周礼》中就记载了对于山林的管理要按时封禁和开放，也就是说在当时就有了禁猎期。对于违反规定的人，有极为严厉的处罚。

## 鸟类杂记

19世纪有一种鸟的命运值得叹息，这就是在16~18世纪占据了全球鸟类40%的旅鸽。旅鸽与现在我们看到的鸽子并不相同，它们尾巴上长着黑白相间的尾羽，上半部分是蓝灰色，下半部分是暗红色，和现在的斑鸠有点相像，而且会成群结队大迁徙。从17世纪开始这个物种就被欧洲的民众大批枪杀。即便是这样，当时如此程度的猎杀对于旅鸽种群伤害并不大，远远没有达到伤筋动骨的程度。在1813年，一名学者被头顶上的嘈杂声吸引，随后看到了一群旅鸽，其数量只能用宽度来衡量，宽达16千米。这群旅鸽在这名学者的头顶飞了三天才迁徙完毕，因此吸引了大量民众前来猎杀。19世纪中叶，北美的欧洲殖民者大肆用枪猎杀这种鸟，以至于在短短50年内，旅鸽的身影很难被看到。数量如此庞大的鸟类单单靠吃是吃不光的，人类占领了它们的栖息地，加上肆无忌惮地捕杀，才造成了它们的灭绝。不少旅鸽还没开始繁衍，就已经遭遇了毒手。到了19世纪末，最后一只旅鸽也消失了，这一过程只用了100年左右。从占据全球鸟类的40%到最后一只旅鸽的标本，旅鸽惨遭灭族的过程值得人类警醒。

最触目惊心的一个案例是黄胸鹀。2004年以前黄胸鹀的评级还是"无危"，2004年黄胸鹀由"无危"改为"近危"，2008年改为"易危"，2013年改为"濒危"，2017年变为"极危"。"极危"距离下一级"野外灭绝"只剩一步之遥。

大规模捕猎野外物种也有生物资源耗完的时候，养殖就成了必选项。早在新石器时代也就是六七千年前，古人就开始养鸡了。那古人怎么养鸡呢？从繁体字上人们找到了答案，就是在鸡腿上拴上一根绳子，原鸡飞不了了，久而久之，可以自由飞翔的原鸡就慢慢驯化成了家鸡。这种鸡腿上绑绳子的方法可能是原始人驯养家禽的重要方式。其他家禽如鸭、鹅、鸽子都是采用了这种原始的驯养方法。

甲骨文中发现的各种鸡字，右边虽然有不同，但左边一直是牵着绳子的手。嘉峪关的古代壁画上有不少古人养殖鸡的形象。在大足石刻上也有生动的宋代农家养鸡图。鸡、鸭、鹅等常见的家禽是我们祖先很早就驯养成功的动物。对于这些动物，我国的劳动人民积累了丰富的饲养经验。这也是鸟类跟我们的食物最密切的联系之一。

随着时间的发展，养鸡方法发生了非常巨大的变化。原始人养殖家禽的主要方法是给它们圈一块空地，让它们自己在里面找吃的去。隋唐以后开始出现了喂养家禽的行为。古书中记载有农户用田中的蚯蚓、各类虫子来给家禽提供食物。在太平年景，人们还会搜集一些野生的谷物给鸡鸭鹅食用。要让家禽更适合养殖，就需要改进育种方法。我国古代很早就发明了育种的方法，有一本非常著名的《相鸡经》，虽然早已失传了，我们无法知道里面的内容，但是后世出现了一些关于鸡鸭鹅选种的书籍，对我们了解当时的农业生产也有着十分重要的意义。

据清代张宗法的《三农纪》记载，我国古代对鸡的要求是眼睛要像鹰一样明亮，喙要像鸽子一样坚小，头小圆正，羽毛色浅。公鸡要头大冠正，距要坚，翅膀小、紧缩，尾长，啼叫声大而悠长。母鸡的要求是"宜头小，眼大，颈细，骹长，足短"；对鹅的要求为"首方目圆，胸宽身长，翅束羽整，喙齐声远者良"；对鸭的要求则是"口中五龄者生蛋多，三龄者次之。俗云黑生千，麻生万，唯有白鸭不生蛋。形有大小高矮，色有黑、白、黄、苍、褐、花，有冠首，红嘴，赤足者。雄者头毛光绿，尾有卷羽，鸣突声哑。雌者头小色暗，尾羽伸长，声高明亮"。

这些古老的经验，大部分是可靠的，对家禽育种有一定借鉴意义。

## 蛋先？鸡先？

先有蛋还是先有鸡？这是个抬杠的问题，我们的答案是先有蛋再有鸡。

这个答案是怎么来的呢？这就要从家鸡的祖先说起。在很早以前，科学家就根据外形特点、生理结构和行为习惯等特征把一种名叫红原鸡（Gallus gallus）的野生鸟类认定为家鸡的祖先，两者从外形上来看确实非常像，家鸡的学名因此定名为 Gallus gallus domesticus。前文说过，植物和鸟类都被林奈用双名法规定了固定的命名，相似的植物之间、动物之间都可以从其拉丁名中找到一些线索。科学家通过一些基因组测序也证明了这样的推断基本没毛病。

问题还是来了。伴随着现代分子分类学的发展，我们可以从基因学角度去更深入地研究鸟类的起源和分类。

在基因序列比对中，人们发现家鸡跟另一种原生野鸡灰原鸡（Gallus sonneretii）高度相似，表明其他种类的原鸡在家鸡的基因库中也有贡献度。如今的红原鸡主要分布在东南亚,达尔文在他所著的《动物和植物在家养下的变异》一书中认为家鸡的起源地在印度,他当时所拥有的技术和证据不足以证明这一点,但这被后世科学家证实了。

那时候中国是不是有了鸡呢?我们从文物中找证据。距今5300~4500年的湖北京山屈家岭文化(新石器时代)遗址出土的陶鸡在形态上明显具有现代家鸡的特征,一定程度上可以说明当时的人已经开始驯养鸡这种动物了。我们对于遗址出土的鸡骨线粒体DNA的分析证明我国华北地区可能是家鸡的起源地之一,但也有科学家怀疑这些骨骼不一定就来自家鸡。同时科学家对于1万年前到现在的气候进行了分析以后发现,野生鸡的祖先不太可能生活在当时北纬25度以北的地区,中原地带的分布可能性相对较小。当然我们也不能否认南方土著可能将这类动物带到了中原。因此在科学家的证据里,有可能是多个地方同时起源,中国是不是最早的起源地就很难说了,细究起来,鸡有5000年的历史是绝对没问题的。

说了鸡,就要说蛋的问题了。早在鸡的祖先出现之前,蛋就出现了。最早的会下蛋的动物要追溯到在苏格兰的克雷拉岛上发现的千足虫化石,距今已经有4.25亿年的历史,千足虫是一种下蛋的动物。而最早的鸟类化石出现于晚侏罗纪地层,距今1亿多年的历史,相比之下要晚得多了,如果算上鸟类的祖先恐龙,从上石炭纪下部地层发掘的化石推算起来,鸟类的历史也不过2~3亿年。所以在鸡和蛋孰早孰晚的问题上,先有蛋是肯定的。

那么从人的角度来看,是先有鸡还是先有蛋呢?肯定是我们的祖先先捕捉到了鸡祖先,发现它们会下蛋,而且自己会孵出小鸡。所以这个问题应该也毋庸置疑了。

关于人工孵化的问题,就比较有意思了。在国外,早在公元前300年埃及托勒密王朝(公元前305~前30年)就已经出现给小鸡保温、用来孵化小鸡的专用人工设备。到了宋代,中国人发明了鸭卵的人工孵化技术,用牛粪发酵产生的热量或燃烧热来孵化鸭卵。今天,广东发明了将蛋放入热水加热、用棉絮包裹孵化的办法;浙江使用"火培"即用火加温的方法人工孵化,此方法为我国传统人工孵化中应用最多的一种。

以上这些总结起来,就是先有产蛋的动物,然后才出现了鸡。蛋比鸡要早得多了。人类驯养的鸡肯定是先有鸡后有蛋,古人捉到原生的鸡,发现鸡生了蛋可以孵化出小鸡。这样的解释是不是比较好?

## 鸟儿和穿

在许多史前岩画中绘有以鸟类羽毛作为服饰的先人,可见羽毛服饰曾经是我国先民的一种重要着装。我们从岩画中可以看到用鸟羽装饰身体的人物形象和许多长翅膀戴头饰的"鸟形人"形象,这些画可以追溯到距今3000多年的原始社会晚期,这些人物形象可能是当时的巫师,也可能是被祭的神灵。

用鸟类的羽毛装扮身体,用羽毛纤维作为服饰原料,早在史前社会就有了,到了春秋时代羽毛制作的衣服出现在了文字记载里。《左传·昭公十二年》记载:"楚子次于乾谿,以为之援。雨雪,王皮冠,秦复陶,翠被,豹舄,执鞭以出。"这里记载的楚灵王穿的"复陶",杜预的《春秋左传正义》中注为"秦所遗羽衣也",认为是毛羽之衣,可以御风雪。这大概是最早有文献记录的羽毛衣服,可能是一件由青绿色禽鸟羽毛为原料、可以披在身上的具有遮蔽风雪功效的衣服。《周礼·地官》记载:"羽人掌以时征羽翮之政于山泽之农,以当邦赋之政令。"这说明周朝有了专门负责收集羽材料的官员。民众通过采集上交羽毛可以充偿赋税。周代这种用鸟兽的毛羽制成的羽衣,也称毳(cuì)衣。

到了唐代,随着《霓裳羽衣曲》的创制,唐以前文献中未曾出现过的"霓裳羽衣"成为一个高频热词,经常出现在此后的文学艺术作品中。现实中羽衣的奢华难得是显而易见的。安乐公主的百鸟裙当时已"计价百万",百鸟裙成为当时的时髦服饰,受到权贵的追捧。据说当时鸟儿的各种漂亮的羽毛都被拿来做了羽毛衣服。

我国的大医学家李时珍在《本草纲目》中曾提到:"选鹅腹绒毛为衣、被絮,柔软而新性冷,尤宜解婴儿之惊痫。"就是说用鹅腹部位的绒毛制作衣服和被子,柔软又保暖,可以非常好地解决婴儿受惊而发作的一种病。

羽衣的一种叫作鹤氅,在文献中常被提及。同"羽衣"词义内涵的演变一样,"鹤氅"的意思在后世也发生了演变。起初它的确是由鹤的羽毛做成的,后来演变成类似斗篷的御寒外衣。

不是所有的羽纱材料都来源于鸟类羽毛。故宫藏的大红水

鸟类杂记

波纹羽纱单雨衣，色彩鲜亮而不俗，在某视频网站被介绍是用珍贵的鸟纱制成的，不仅轻便还防水。大家都误以为它真的是用羽毛制作的，其实它是由从"海外荷兰暹罗诸国"进口来的羽缎制作而成。羽缎还有一个很外国的名字，叫作"哗叽"，这个词在服装业里还有使用，指的是精梳毛纱织成的斜纹织物。后世曹雪芹写作《红楼梦》时也提到了羽衣，在《红楼梦》第五十二回"勇晴雯病补孔雀裘"，孔雀裘用的其实也是类似的原材料。

居住在湘、桂交界的侗族人民，认为他们的祖先是"鸟人"，由鸟蛋孵化成人。直到现在，每年八月十五，侗族男人还会在头上、身上插满羽尾，跳舞来庆贺。贵州苗族的男子盛行穿着百鸟羽衣，衣服上除了鸟类的花纹，还缀满了彩色羽毛，下身的裤子上缀满白色羽毛。

禽类的羽毛是对鸟类表皮细胞衍生出的角质化的称呼，其结构天然具有防水性，同时鸟类会分泌出一定的油脂，通过整理羽毛，将分泌出的油脂涂抹在羽毛上，用来增强羽毛的防水性。人们早就发现了鸟类羽毛的防水特性，同时利用羽毛重量轻、保暖性好的特性来制作衣服，可以起到防寒保暖的效果。今天我们在冬季穿着用鸭绒、鹅绒制成的羽绒服，就是对鸟羽保暖性的利用。

羽绒服的出现，要追溯到公元1812年拿破仑进攻俄国。有位士兵为了在西伯利亚的寒流里不被冻死，偷偷拔了一些鸡毛塞在衣服的隔层里，意外获得了强大的保暖效果。回来后士兵把塞羽毛自救一命的故事告诉了自己的孙子——法国人埃迪·鲍尔（Eddie Bauer），聪明的鲍尔用羽绒替代羽毛，不断改进制作方法，并将棉被上的绗缝技法使用在尼龙面料上，解决了羽绒分布不均和下滑的问题。历史上第一件羽绒服外套应运而生。羽绒服就这样走进了人们的生活，成了冬季的必备单品。

最早的羽绒服设计图

轻柔保暖的羽绒是怎么帮人抵御寒冷的呢？羽绒经过3亿年的进化，建立了独特的比任何人工结构都密集的自然结构，生长在雏鸭、雏鹅体表和羽毛根部的绒毛柔软、细长，成千上万不成瓣状的相互连接的倒钩结构，使得在衣服内部有一定的空气储存量，所以羽绒会非常蓬松，同时也能使热量被保存在里面，从而达到保暖的效果。

与此同时，羽毛在服装中的装饰性意味更浓了，作为一种富有浪漫女性气质的设计元素和符号，羽毛出现在各类服饰单品中，展现出了复古奢华的魅力。

鸟类杂记

## 鸟儿和电线

如今电线是输送电力的主要工具，但纵横交错的电线为天空中自由飞翔的鸟儿带来了噩梦。

架空的输电线，通常较高也较长，会吸引鸟类在电线或是架杆上建巢，这样会发生什么样的事故呢？一旦鸟儿选择在这些地方来建巢，就有可能将铁丝等各种金属物品当作原材料，这些金属物品会造成电路的短接，引起爆炸、火灾等各类危险事故。鸟儿排放出的粪便如果在电线上积累起来，可能会造成电线接触不良引起事故。

鸟儿建造巢穴对电力线路有影响，电线对于飞行中鸟类的影响更加巨大。鸟类的视力同人类并不一样，鸟儿更加关注的是远距离目标。在快速飞行的过程中，它们遇到遮挡物需要更长的反应距离、更久的反应时间，因此它们在飞行的过程中尽可能避免出现障碍误区。当视野中出现大量遮挡物的时候，鸟儿会主动选择避让，但电线是一个特殊的存在。在快速飞行过程中，它们通常由于自身的巨大惯性无法转向，难以及时反应和避让，从而撞上电线，导致受伤甚至死亡的惨剧。因此在野外没有明显标示的输电线会成为鸟类飞行的禁区和死亡线，对它们的日常飞行构成巨大的威胁。根据相关的报道，每年都有相当数量的鸟儿死于输电线上，而且越是巨大的鸟儿就越容易受到电线的撞击。由于自身飞行惯性的影响，那些个体巨大、翼展较宽、飞行速度快、灵活性较差的鸟类不能够及时转向，就非常有可能会撞击到电线上。那些国家保护重点名录里的鸟儿并未死在捕猎者的枪下，近年来更多地死在了电线上和各类玻璃幕墙下，每年都可以看到大量案例。

那么如何避免这样的事情发生呢？一种办法就是在电线杆上安装专用的驱鸟设备。电力部门既安装有防鸟隔离装置，也安装有驱赶鸟类的声响发生装置。另一种方法就是安装防护箱把相关的设备遮挡住，保护电线之间的连接节点。但把电线保护好了、赶走了鸟儿并不能解决所有问题，设置好输电线路上的标识物才是解决撞鸟问题的关键。电线标记的目的是增加输电线路的可见度，提前让快速飞行的鸟儿发现电线并及时避让或绕行。

更好的办法还是从根源上解决问题。对于输电线的架设和路线的走向，电力部门应该提前征询鸟类多样性研究者的建议，避免将其建设在鸟类主要的迁徙通道和鹰隼类最适宜的栖息地周围。若是不能避免，就只有将输电线路埋设到地下。这是最为行之有效的方案，也能从根本上解决问题，但由于成本较高，仅在少数敏感区可以实现。

## 鸟儿和风力发电

曾经，随着生态环境的恶化，人类对于环境保护的认识愈发深刻，要节能减排，就要着眼于新能源的开发和利用。风能作为新能源的主力军，在带来巨大能量的同时，也给鸟儿带来了血的教训。

鸟类杂记

　　风力发电到底对鸟类有哪些影响呢？第一，风力发电机在运行的同时会发出巨大的噪声，对鸟类产生一定的干扰。巨大的风机叶片可能会让飞过的鸟儿血肉横飞。根据国外的统计，每年约有几十万的鸟儿死在风车的叶片之下，天气好的时候，这个概率较小，而在大雾、雷雨等极端天气的时候，鸟儿通常选择低空飞行，这个时候就容易出现伤亡事件。

沿山脉建设的风力发电场

　　英国《自然》杂志的一篇文章指出，在美国每台风电涡轮机平均每年杀死 0.03 只鸟，风电涡轮机碰撞造成死亡的鸟每年有 2 万至 57 万只，而死于汽车碰撞的每年有 5700 万只，与建筑物及其外墙和门窗玻璃碰撞死亡的有 3.65 亿至 9.88 亿只，每年死于家养和流浪猫捕杀的高达 14 亿至 40 亿只。可见风力发电机导致的鸟儿死亡数量还算是最小的。

　　那么风电厂对于所有鸟类的影响是一样的吗？答案是否定的。丧生在风力发电机叶片上的鸟儿大多数是猛禽，它们根本就没有天敌，之所以会丧生在风力发电机下，是因为在捕食的时候，猛禽的注意力保持高度集中，往往就忽略了空中潜在的威胁；本就数量稀少的猛禽减少了，区域的生态多样性可能会受到一定的影响。

要避免鸟儿受伤害，最主要的就是要遵循相关的技术标准，避开鸟儿迁徙的路线，避开自然保护区。

选择风力发电机的类型也有很大关系。例如使用垂直轴风力发电机会比使用水平轴风力发电机对鸟类的影响要低，鲜艳颜色涂装的大型风机会比小型风机更加醒目，既降低了叶片的转速，又提高了发电效率，还大大降低了鸟类的死亡率，一举多得。近年来出现了不带叶片的风力发电机实验机组，在今后的风力发电厂建设中，如果大规模地商业化应用，将会对鸟儿更加友好，可以杜绝鸟类被叶片斩杀的悲剧事件发生。

鸟类对于风力发电机厂也会有一定的协同进化，在风力发电厂建成后的一定时间内，鸟儿会自发减少在这一个区域内的活动，从而逐步适应其存在，减少对自身的伤害。

## 鸟儿和护卫

龙州县洞桂村那贯防疫卡点由于地处边境，防疫值守力量比较特别，除了两个当地的村民，还配备了两只鹅、一只狗。在龙州县所在的崇左市，共有500只这样的"特警鹅"，它们肩负防疫重任，被当地民众戏称为"有编制的鹅"。鹅的转岗是非常值得一说的。

大白鹅是三大村霸之首。只要去过农村、被鹅追过，就会对鹅的战斗力留下深刻的印象。白鹅、公鸡和大黄狗是不少农村小朋友的童年噩梦，它们有些会在你回家的路上等着你，你只能躲着它们走。遇到再凶的狗，只要不是成群结队的，弯腰捡石头就能够成功地吓退。大公鸡的战斗力相对较低，往往你冲向它它就会被吓走，甚至于拿着棍子迅速冲向它，你就能轻松地把它撵得到处跑。而大白鹅战斗力最强，哪怕你用木棒打，甚至假装弯腰捡石子，它非但不怕，还会张开翅膀、伸长脖子，犹如一辆坦克一样向你奔来，让你不得不转身而逃。

鹅为什么有这么强的战斗力呢？为什么会有这么强烈的战斗欲望和攻击性呢？这和它的本能有关。动物的攻击行为主要有以下几个原因：狩猎、防御、交配、繁殖和保护幼崽。鹅也一样，它属于雁形目鸭科，鹅与雁的关系类似于狗与狼的关系。和大雁保护领地的本能非常像，鹅是领地意识很强的动物，所有被它认为闯入领地的一切活物都被当成了来犯的敌人。跟鸡鸭相比，它的听觉更敏锐，警觉性更高，领地意识更强，在其自身认可的领地范围内，一旦出现了闯入者，它会第一时间出现在对方面前，奋不顾身地将其轰走。

古今中外历史上，鹅充当警卫的记录不少。公元前390年，恰逢罗马狂欢夜，守城士兵皆因痛饮而陷入沉睡，克尔特大军趁机偷袭罗马。由于罗马士兵养的鹅受惊乱叫起来，惊醒了罗马人，罗马人才有机会将敌人击退。这就是著名的"鹅救罗马"的故事。现在的罗马城里还有一座鹅的纪念碑，以表彰鹅的功绩。

苏东坡在其《仇池笔记》中写道："鹅能警盗，亦能却蛇。

其粪杀蛇，蜀人园池养鹅，蛇即远去……"意思就是说鹅见到陌生人会大声鸣叫、给主人预警，就连鹅粪都有着驱蛇的作用。

　　清朝顺治年间，广东饶平县农民起义领袖朱阿尧在海南岛聚众造反。营地周围是坚固的水寨。由于水寨范围大，守不过来，就在水寨周围驯养了大批鹅群值班放哨。清军白天的进攻都被打退，就改为夜间偷袭。当清兵乘舟接近水寨时却被听觉灵敏的鹅群发觉，鹅兵们一边伸着脖子示威，一边向寨内"嘎嘎"大叫，义军闻讯出击。深谙水性的义军纷纷潜入水中把偷袭的清军小舟弄翻，将清军尽数歼灭。

　　美国军队在越南战争中也使用过受训的"鹅兵"。鹅们一般用于看守重要桥梁，当有人企图接近桥梁时，鹅便叫个不停，起了报警作用。据说，鹅在看守西贡大桥时，发挥了极大用处。

　　"村霸"的转型之谜在于它们的眼睛长在头的两侧，使它们能够最大范围地看到周围的环境。鹅还有超强的夜视能力，视力是人的10倍，但是它们对深度的知觉感很弱，总是拿不准距离。

　　鹅的听觉比狗还灵敏，稍有一点风吹草动，它们马上会警觉，立即发出叫声，互相呼应，片刻间鹅群叫声云动。如果闯入者继续向禁区前进，它们便扑动翅膀向闯入者发起攻击。在攻击时，鹅勇猛非常，起到了巡逻防卫的作用。新闻报道里的边境疫情防控的"鹅防"，其实也是"老兵"发挥了新用途，物尽其用了。

鸟类杂记

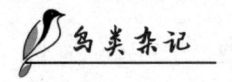

## 鸟儿有剧毒？

成语"饮鸩止渴"，出自《后汉书·霍谞传》，原文是这样的："譬犹疗饥于附子，止渴于鸩毒，未入肠胃，已绝咽喉。"翻译成现代文就是：为了充饥去吃附子，为了解渴去饮鸩酒，食物还没进入肠胃，人已经无法下咽其他东西了。这个成语的意思也非常明白，就是用错误的方法解决问题，全然不顾及造成的严重后果。

这里面提到两种毒物。一种是附子，附子虽然含有毒性，但若经过了特殊的炮制，使用时加上严格的剂量限制，其实不会对人产生危害。

另一种是鸩。鸩是记载在《山海经》里的一种鸟类，身体是黑色的，羽毛是紫绿色的，眼睛是红色的，爱吃蛇，全身充满了剧毒。虽然在不少书里都有鸩毒的记载，但目前并没有发现这种鸟儿的存在，我们只能推测这并不是空穴来风。可能存在一种类似的鸟儿，后来由于人为捕杀或者是由于其特殊功用，逐渐灭绝了。

当然还有另外一种说法，它的毒性来自它爱吃蛇的特性，和蛇雕有些接近。虽然蛇雕的形象跟传说中的这种鸟有些接近，而且蛇也是它的盘中餐，但蛇雕并不存在毒性，我们只能以此来想象一下鸩鸟的存在。

那么剧毒的鸟儿有没有呢？还真有。在新几内亚地区，有一种黑色和橙色相间的鸟儿叫黑头林鵙鹟，浑身都带有毒性，人只要是碰到它的羽毛就会中毒，严重的几个小时内就会死亡。这和《山海经》中的记录有些接近，但是其颜色不太一样，大小也不一样，发现的地点更是相差了十万八千里。我们只能推测在若干年前，可能真有一种类似于《山海经》记载的鸟儿存在。这种鸟儿之所以如此有毒，是因为它所吃的是各种有毒的甲虫和植物，它可能借此来避免身体表面产生各种寄生虫，或者以某些个体的被捕为代价从根本上避免被天敌伤害，以此保证整个种群的延续。在新几内亚热带雨林中，蓝顶鹛鸫也有毒，毒素与黑头林鵙鹟一样剧烈，毒性也来自它所吃的毒虫。距翅雁长相介于大雁和鸭子之间，它因取食有毒昆虫而富含斑蝥素，动物食用了它的肉就会中毒而死。欧洲鹌鹑是特殊的案例，它们在每年冬季的迁徙季节错误食用了毒芹种子，给自己贴上了短暂剧毒的标签。

电视剧里我们通常看到皇帝要赐死某个大臣，会给他两个选择：三尺白绫或者一杯毒酒，让他任选其一。而那杯毒酒在电视剧里是一杯鸩酒，那么鸩酒到底是什么呢？真的是鸩鸟的羽毛制作的剧毒酒吗？其实不然，鸩酒就是用砒霜制成的毒性猛烈的酒。到了后来，植物类和矿物类毒药被大规模应用起来，谈毒色变的鹤顶红和牵机毒就是最有名的毒药。

## 鸟类与传染病

通常意义上讲，鸟儿在人类的疾病传播方面带来的威胁十分有限。日常的观鸟活动不存在感染风险。但如果和鸟类互动，或者和其排泄物有接触，就要做好相应的清洁和消毒工作。如果发现一只鸟类尸体，最好远离以避免接触，等待当地野生动物管理部门前来清理。当发生大批鸟类无故死亡现象的时候，鸟类内部发生传染性病害的可能性就会增大。

野生鸟类自身携带的病毒不仅会传染给其他种类的鸟儿，也会传染给人类。这方面最著名的例子就是禽流感。候鸟通常被认为是禽流感的超级传播者。各类野鸭被认为是传播病毒和在野鸟库中进化病毒的有力工具，它们可以携带高致病性毒株，而且完全没有症状，加上它们会游泳和飞行，因此可以通过各种方式传播病毒，包括进入当地水体。这样的超级传播者，根本就无法捕获，也无法隔离，因为我们不知道哪个才是真正的超级传播者，哪个才携带真正可怕的病毒。阻止其传播成为一个大问题。

并不是所有的禽流感都会传染给人类，只有几种禽流感会导致人们的严重症状。由于接触活的或死去的受感染家禽会造成直接或间接传染，至今已经有数百人死于H5N1禽流感病毒。

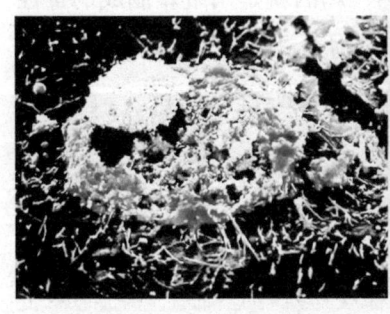

H5N1 禽流感病毒　　　　　　鹦鹉热衣原体

有一种病原体也会造成鸟和人的共同感染。衣原体是一种比细菌小、比病毒大的微生物，专门寄生在细胞内，鹦鹉热衣原体就是一种鸟类传染人类的衣原体。

鹦鹉热当然和鹦鹉是脱不开干系的，但鹦鹉并不是唯一传播鹦鹉热的物种。世界上有两百多种鸟类可以互相传播病毒。我们常见的家养鸟类都有可能被传染。从这个意义上而言，"鸟热"才是这种病更为恰当的名称。鹦鹉热其实是一种人畜共患的传染病，在一定条件下，人类会出现类似流感的症状，传播路径绝大多数是在鸟和人之间。零星的鹦鹉热大可不必紧张，它并不是一种烈性的传染病，治疗的方案已经非常成熟了。只需要跟普通流感一样治疗，就可以取得比较好的效果。

## 鸟类有生肖

可爱的鸟儿跟生肖有什么关系呢？这个题目其实有一点歧义，真要论十二生肖和鸟的关系，相关的只有鸡了。从另一个角度来看，用十二生肖也就是十二种不同的动物来纪年，是我们国家非常古老的民间习俗。我们也探寻一下在鸟类的命名里，和十二生肖有关的名字的由来。

接下来我们就按照十二生肖的顺序来逐一看看鸟儿名字里的生肖吧。带有"鼠"字的鸟儿并不多，鼠鸟目占了大头。斑鼠鸟、白头鼠鸟、红背鼠鸟、白背鼠鸟、蓝枕鼠鸟、红脸鼠鸟，这些鸟儿之所以被取名鼠鸟，绝对是有原因的。它们身上的羽毛并不是常见的鳞片状的羽毛，而是呈丝状的毛发，就像是哺乳动物身上的毛发。行为也非常怪异，它们在树上休息的时候，劈开两条腿，只用爪子扶住棕榈叶，一屁股"坐"在树枝上。身材也非常特别，脸是黑的，脸蛋却是白的，喙是尖尖的，头顶上还留有一溜长毛，加上一条长长的大尾巴，挺着一个臃肿的大肚子，从长相到举止，不像鸟，倒像一只不爱运动的胖老鼠。鼠灰蚁鵙、鼠色窜鸟的得名则是源于它们和老鼠接近的色彩。

带有"牛"字的鸟就多了。牛背鹭是一种常见的鸟儿。它之所以有这个名字，是因为它在稻田里往往跟水牛在一起，为的是捕食被水牛从水田里惊飞出来的昆虫。它们在干饭之余也在牛背上休息，因此得名牛背鹭。不少报纸里都有这种牛背鹭跟随在拖拉机或者是水牛后面大群飞舞的照片。这种平平无奇的只有在繁殖期才会长出黄色婚羽的鸟儿是世界上种群数量最大、分布范围最广的鸟类。除了南极洲，各个大洲都有分布。

牛头伯劳也是我国可以见到的牛姓鸟儿。这种鸟的特征之一是它尖利、刺耳的叫声。每年十月初，当秋天的色彩开始显现，它们就会大声呼唤。它们还有一种特殊的行为：会把一些猎物挂在树枝上，或者穿在尖刺上。这是它们的"方便面"，可以随时随地快速食用。牛头伯劳之所以名字有"牛头"两字，是因为它拉丁名里面的种加词 bucephalus，意思是 bull-headed, aka large-headed，形容它头看起来比较大，属于伯劳属里面的"大头鸟"了。

"牛顿"两个字出现在不少鸟儿的身上。暗牛顿莺、棕尾牛顿莺、阿氏牛顿莺、红尾牛顿莺、牛顿鹦鹉这五种鸟儿带着的

"牛顿"两个字，和我们物理书里的牛顿没有一丝关系，而是来源于另外一个牛顿爵士。英国人爱德华·牛顿爵士在印度洋上的毛里求斯、马达加斯加和塞舌尔进行过标本采集，用自己的名字命名了这些鸟儿。

牛鹂属也带有"牛"字，干的事情也牛，其中褐头牛鹂是被研究得非常透彻的一种巢寄生鸟类，已知有超过220种鸟类被褐头牛鹂寄生，其中144种有抚育褐头牛鹂雏鸟的记录。

其他"牛"字鸟都和牛有点关系，牛织雀会跟随水牛活动，霸鹟科牛霸鹟也跟随牛、马等家畜活动，趁机把惊飞的蚊虫吃掉，这应当是其名字中"牛"字的由来。

带有"虎"字的鸟就多了。蜂虎科是最大的一类，有27种之多，它们广泛分布在亚洲、欧洲、非洲和大洋洲的热带和亚热带地区。身材修长，羽毛艳丽，喙细长锋利且微微向下弯曲，是其共同特征。

在中国的养蜂人眼里有一种蜂虎是可怕的存在。栗喉蜂虎主要以各种飞行昆虫为食，包括会蜇人的蜜蜂以及毒性更大的胡蜂，这也是其学名中带"蜂虎"的由来。在蜂类的面前，它就是一头张开大嘴的老虎，而蜜蜂在它面前就像是一只小白兔。

蓝枕鼠鸟 　　　　牛背鹭 　　　　栗喉蜂虎

即使是硕大的胡蜂，也只是它们的一盘菜而已。

白冠虎鹭、栗虎鹭、横纹虎鹭、裸喉虎鹭这些名字里之所以带一个"虎"字，是因为它们身上有着细密的横纹，就像披了虎皮一样。还有，它们平时动作非常缓慢，但攻击的时候却经常一击必中。

鸟类名字里带"兔"的学名没有，俗名却有一个。长耳鸮是鸱鸮科长耳鸮属的猫头鹰，俗名长耳木兔。白天它们隐身于枝叶里，到了晚上，它们就会飞出来，四处寻找食物。你只要翻找它们在山地丛林中的照片就可以发现，它们所谓的耳朵其实只是两根羽毛竖起来，可以让体形浑圆的猫头鹰不那么明显，更容易躲藏在树枝间。

鸟类名字里带"龙"字的只有龙氏领蜂鸟，这种鸟儿不常见，只生活在南美洲的一些地区。我看了照片发现它们黑漆漆的羽毛里潜藏着绚丽的色彩，有点五彩斑斓的黑色的味道。

鸟和蛇通常是死对头。黑腹蛇鹈、红蛇鹈、澳洲蛇鹈、美洲蛇鹈、蛇鹫、蛇雕、尼岛蛇雕、蛇雕、苏拉蛇雕、菲律宾蛇雕、安达曼蛇雕名字里都带有一个蛇字，它们之间的区别可不小。蛇鹈是鸟和蛇的结合体，它们主要以鱼类为食。之所以名字里带有一个"蛇"字，是因为它们有跟蛇一样又细又长、十分灵活的脖子。

蛇雕就不一样了。它们是专门吃蛇的冷面杀手。墨西哥的国鸟就是会与蛇搏斗的雕。蛇雕绝对是吃蛇好手。它们一旦发现地面上的蛇，就会用爪子抓住蛇的七寸，将蛇头咬碎，再将其整个吞掉。

长耳鸮 　　　龙氏领蜂鸟 　　　蛇雕

　　鸟类名字里带"马"的不少，有200多种，其中有74种鸟儿带着"马岛"两个字。马岛并不是发生英阿马岛战争的马岛，这里说的马岛是在印度洋西南角的马达加斯加，马达加斯加发现了不少远古进化而来的物种，大约有300种，其中120种是特有种，是非洲特有鸟种比例最高的国家。另外，"马来"鸟有18种，"索马里"鸟有17种，"喜马拉雅"鸟有3种。

　　白马鸡、蓝马鸡、藏马鸡、褐马鸡这四种马鸡都是我国的特产物种。马鸡是非常美丽的观赏鸟类，驰名中外，两对尾羽比最外侧尾羽长出许多，并富有弹性，弯曲成一个美丽的弧形，高高地翘起在末端，紫色金属光泽的尾羽之上柔软而细密的羽支披散下垂，就像蓬松的马尾，样子十分别致。当它们在林间疾跑时，远远看去就好像一群奔马，因此而得名。

　　带羊字的鸟儿就少得可怜了。啄羊鹦鹉、白顶啄羊鹦鹉、诺福克啄羊鹦鹉就是全部了。它们原产在新西兰岛，食谱与普通的鹦鹉的食谱并不一样。除了吃谷物和植物嫩芽，它们还吃各类肉类、昆虫和海鲜，在鹦鹉里面属于顶级的捕食者了。它们会攻击羊群，起初只是为了寻找羊身上的寄生虫，不小心戳破羊的皮肤后就开始攻击羊群。它们那强健的喙可以把羊的皮肉啄穿，吞食羊身上的脂肪并啄食羊肉，弄得活羊鲜血淋淋，所以当地的新西兰牧民称其为啄羊鹦鹉。

带"猴"的鸟类学名没有，却有一个俗名猴面鹰的。在中国古代文化里，猴面鹰其实有三种，分别是草鸮、仓鸮和栗鸮，叫声都非常难听，捉老鼠的本事却不得了。我在鸟类救助中心见过它们一面，并没有传说中的那么可怕，萌萌的样子突破了我的想象。

白马鸡 　　　　啄羊鹦鹉 　　　　猴面鹰（草鸮）

十二生肖里跟鸟类相关的名字最多的一类是"鸡"。带有鸡字的鸟真的不少，接近280种。火鸡、松鸡、雪鸡、石鸡和鸡这种家禽有不少相似之处。红原鸡是家鸡的老祖宗，是一种鸟类，甚至还保留了低空飞行的能力。雉鸡适应能力超强，因为它不仅遍布我国大部分地区，甚至还被引种到了欧洲、美洲等许多国家和地区，且生活得不错。红腹锦鸡是色彩最为艳丽的一种雉类，作为中国国鸟的有力争夺者参加了网络国鸟的评选。中国现代鸟类学研究的泰斗郑作新院士就是在美国密歇根大学标本馆看到红腹锦鸡的标本之后，为其美丽的外表所震惊，从而下定决心返回中国从事鸟类学研究的,留下一段佳话。

鸟儿名字里带"狗"的同时也会带"鱼",鱼狗是一类翠鸟,我在野外观察过它们。其声音、体形跟狗一点都不像,但有个特征跟狗非常类似,就是捕食的方式,它们直接用嘴来捕捉美食。侏绿鱼狗、棕腹绿鱼狗、绿鱼狗、冠鱼狗、亚马孙绿鱼狗都是如此。

分类学家不会用"猪"这个字来给鸟命名,我们只能去鸟的俗名里找了。一种常见的鸟儿鹊鸲,俗名称为猪屎渣。有这么不好听的名字,也事出有因,它们不会去枝头上寻找植物类食物,更多的时候会在粪坑、猪圈、垃圾堆这些肮脏的地方,寻找其中滋生的苍蝇和蝇蛆作为自己的美餐。只有起错的名字,没有起错的外号,看来在鸟儿身上这句话是成立的。

红原鸡　　　　　冠鱼狗　　　　　鹊鸲(猪屎渣)

鸟类杂记

## 鸟类和战争

在人类几千年的战争史上，动物不可避免也参战，鸟类作为最常见的动物，自然也被人类运用到了战争之中。

我们把鸟类参战的方式分成三种。第一种是鸟的羽毛可以成为兵器的原材料。在古代战争中，弓箭是远程攻击的主要手段。箭飞行得正还是偏、快还是慢，关键在于箭羽。在箭杆末端用膘胶粘上三条三寸长的三足鼎立形的翎羽，这就是箭羽。箭羽一般使用漆、胶或兼胶走丝等粘贴方式。由于材料落后，膘胶也怕霉湿，因此勤快的将士经常用火烘箭。制造箭所用的羽毛，以雕的翅毛最好，雕像鹰而比鹰大，尾长而翅膀短。角鹰的其次，鹞鹰的更次。南方造箭的人，固然没希望得到雕羽，就是鹰羽也非常难得到，急用时就只好用雁羽甚至用鹅羽来充数。雕翎箭飞得比鹰、鹞翎箭要多出十步以上，飞行更稳定，抗风性更好。北方少数民族的箭羽多数用雕翎。角鹰或鹞鹰翎箭，如果精工制作，效用也跟雕翎箭差不多。可是用鹅、雁翎制作的箭射出时却手不应心，往往一遇到风就歪到一边去了。南方箭比不上北方箭，原因就在这里。一支箭上粘贴三条箭羽，符合《考工记》所说的"参分其羽"。

第二种就是战场通信。古代由于通信技术落后，飞马传书是战场上传递情报最常用的手段。信鸽作为天生的信使，好饲养、便于携带，自然成为快速通信的首选，于是鸽子飞入了战火之中。在战场上训练有素的鸽子可以非常好地负担起远距离通信的任务，唯一的缺点就是它载重量小，携带的书信只能简短描述事情的前后，并不能把详细的战报带给远方的主将。除此之外，飞鸽传书还有不少缺点，使得它不能成为战场通信的主要力量，但作为战场信息的一部分来源还是相当合格的。直到今天，鸽子仍是一些国家的军中义务通信兵。人类虽然已进入卫星通信的时代，但世界各国信鸽的数量仍有增无减。它们在风雨中穿行，成为军旅中一道独特的风景。作为禽鸟类动物，信鸽在军旅中并不寂寞，因为在某些特殊的场合，凭借其特殊的天赋，会受到军队的青睐。有矛就有盾，信鸽在天空中可以自由往来，但也并不一定是安全的。二战时的德军专门训练了一批鹰来对付盟军的信鸽，从法国、比利时及荷兰的被占领土放飞猎鹰，来消灭抵抗部队的信鸽。

第三种就厉害了，它们既会阴差阳错地成为合格的哨兵，又会变成威力巨大的攻击兵器。在一个伸手不见五指的雨夜，高卢军借雨夜的掩护悄悄沿着卡庇托林陡峭的山坡偷袭卫城。当高卢人摸上山顶最高处时，惊动了神殿里的鹅群，顿时群鹅齐鸣，惊醒了曼利乌斯和沉睡的罗马守军。经过一场血战，偷袭的高卢军被全部消灭，罗马人得以免受外族奴役。此后，罗马人对鹅总是保持着几分敬意，"鹅救了罗马"的口头语也就一直流传下来。在人类社会早期，军队就开始试图用燃烧的鸟作为火攻武器。在围攻一个城市时，如果能抓住一些城市中生活的鸟并把它们引燃，那么这些鸟就会试图飞回它们在城里的巢穴，顺便把整个城市点燃。古代中国的军事手册里描写过这种战术，而且成功实践。东晋时期，北方的姚襄与殷浩经常发生冲突。殷浩实力较弱，常被打败，谋士就给他出了一个计谋，使用公鸡作战。一天夜里，他们将数百只公鸡的尾巴点燃，扔向姚襄军营，一时间火光冲天，公鸡胡乱飞窜，姚襄军营乱作一团。殷浩趁机带兵突进，姚襄败退。中世纪的欧洲战场上也有用鸟火攻成功的案例。

## 鸟类和国家

　　鸟儿和国家的关系是什么？这可能让很多人有些懵。我认为最显著的关系就是它们被评选为国鸟。那些在国旗上飞翔、在国徽上闪耀的各个国家的国鸟，总是会赢得人们格外的关注和热爱。

　　国鸟并非随便就能当上的。"合格"的国鸟，要么象征着一个国家的精神和民族特质，要么是该国特有的物种，又或者是深受本地国民喜爱的鸟儿。美国的国鸟是白头海雕，象征着威猛；日本的绿雉是其特有的珍稀物种；冰岛的国鸟矛隼是一种数量极少、非常珍贵的中型猛禽；毛里求斯的国鸟是渡渡鸟。渡渡鸟是毛里求斯的象征，由于人们过度狩猎，导致它在1690年前后灭绝。在毛里求斯的国徽、钱币、纪念品、艺术品、广告牌上都能看到其形象。这些都在提醒人们，要热爱和保护濒临灭绝的野生动植物，不要让它们再有渡渡鸟那样悲惨的结局。喜鹊深受韩国人的喜爱。英国人崇拜雄性红胸鸲对自己所建立的疆域负有巡察及保卫责任的本能，称其为"上帝之鸟"。1960年，红胸鸲通过公民投票被选为英国国鸟。巴布亚新几内亚的国鸟是极乐鸟，它生活在崇山峻岭中。当地传说极乐鸟居住在天堂世界，因此又被称为"天堂鸟"。极乐鸟是巴布亚新几内亚独立、自由的象征。人们将其画在国旗和国徽上。有的国家国鸟不止一种，澳大利亚的国鸟有琴鸟、鸸鹋、笑鸟三种。

美国国徽上的白头鹰　　巴布亚新几内亚国徽上的极乐鸟

评选国鸟的标准非常高。代表中国的鸟是什么，这至今仍未达成一致。中国拥有近 1200 种原生鸟类，既要考虑到人们的喜爱程度，还要具备足够的吉祥象征意义。截至目前有三种鸟儿的呼声最高，但仍存在争议。

红腹锦鸡是最被看好的。它的优势在于毛色绚丽多彩，尾羽非常飘逸，非常接近传说中的神鸟凤凰。仅仅依靠凤凰这个传说，也足以让它进入争夺国鸟称号的序列。在 2001 年世界大学生运动会期间，各国代表队都使用国鸟作为标志，而当时没有国鸟的中国队就选用了红腹锦鸡作为标志。

除了红腹锦鸡，还有一个强劲的选手——朱鹮。虽然它的羽毛不太华丽，但白色中带有逐渐变深的粉色，这十分独特。从数量上来看，它比大熊猫还稀少。

鸟类杂记

最后有位选手知名度最高,姿态优雅,就是丹顶鹤。水墨画中经常将它作为主角,它也是中国历史上吉祥长寿的象征。许多花鸟画都以它为主题。事实上,在 2003 年中国启动的"国鸟"评选活动中,丹顶鹤以最高的呼声获胜,但由于某些特殊原因并未最终确定。

丹顶鹤

## 鸟类有入侵

在一般人的印象里,入侵植物好像存在,鸟类怎么可能也会入侵呢?世界就是这么奇妙,在自然界里还存在着这么一类鸟类入侵的特殊现象。

鸟类的入侵其实有两种。一类是自然入侵。鸟儿由于自身的特性,向所在区域之外逐步扩散,其中雀形目的小鸟要占到一半以上,这是不同国家之间逐步扩散的过程,通常在国内和国外的边境线上也有所发现,成为入侵种,通常而言,这种自然形成的扩散速度并不快。

另外一种入侵就比较麻烦了,它们本身繁衍迅速,食物来源广泛,在本地适应性极强,对当地物种构成了严重的威胁。在我国新疆,最典型的外来入侵鸟类是欧金翅,只要看名字就知道它是从欧洲来的鸟儿。它在新疆最早的记录是 1994 年,它们从最初的迷鸟身份逐步变成了冬候鸟、夏候鸟、繁殖鸟,最后定居下来变成了留鸟。它们并没有停下脚步,而是一路向东扩展。扩散的轨迹也非常明确,每年向东移动的速度大约在50~70千米之间,应该说是相当惊人了。

另外一种值得关注的是家八哥。听家八哥的名字好像是中国的物种,实际上它并不是我们中国原有的物种,是被人工引入中亚地区的,之后迅速向东扩展。进入了我国的新疆后,这个物种的繁殖更加迅速。这种原产于爪哇岛和印度等地区的物种目前在全球广泛扩张,速度惊人。之所以家八哥成为鸟类多样性的杀手,是因为它有一个不好的习惯——这种鸟在平时有非常凶猛的表现。家八哥除了特别会战斗,还喜欢去破坏其他鸟儿的卵和巢穴,导致了其他鸟类的濒临灭绝。拉岛辉椋鸟、毛里求斯长尾鹦鹉、马克岛翡翠等不少漂亮的和珍稀的鸟类濒临灭绝就是它下的黑手。

在中国有两种鸟令人头疼,在欧洲也有一种鸟儿成为社会的大问题。和尚鹦鹉起源于南美洲玻利维亚至巴塔哥尼亚间的安第斯山脉以东地区,包括巴西、阿根廷、巴拉圭、玻利维亚、乌拉圭等国家。它们原来并不属于北美和欧洲。许多家养的和尚鹦鹉逃逸后,也在美国的加利福尼亚州、佛罗里达州、芝加哥、纽约等地及一些欧洲国家生存定居。和尚鹦鹉在北美和欧洲泛滥成灾,全年生育无休。它们原本是在家中养的鸟儿,逃离之后,在稀树草原、棕榈树林、农业耕作地等地区生存下来。它们之所以能有如此强大的适应能力,和它们超强的智力水平、复杂的社会交往能力和强大的繁殖能力分不开。由于它们强大的筑巢本领,它们不需树洞就能繁殖,效率相当高,一窝生4~

8枚卵，孵化期23~26天，雏鸟只要8~10个星期，羽毛就可以长成，到了第二年就可以开展繁殖。除此之外，其寿命也很长，平均25年以上的寿命使得处理它们成为当地政府部门头疼的工作。在西班牙，短短几年里其数量就激增了五倍以上。由于数量的增长，它们与本地的鸟类争夺食物，形成了强大的竞争力。同时也由于它自身和同类之间共同筑巢的特性，其复合巢穴重量过大，随时有可能从空中坠落，砸伤行人。更加危险的是和尚鹦鹉也自带一种传染病毒，就是人们口中常说的鹦鹉热，会影响人类的肺部健康。

　　除了物种意义上的入侵，有些鸟儿还会占据人类的住宅。媒体上经常出现那种大群鸟占据街道的视频，遮天蔽日的鸟儿成群结队占据了大马路，通常会吸引人们的关注。这些鸟是凤头鹦鹉，一种本地白色鹦鹉，它们通常会成群结队地迁徙。占领的街道只是它们过程中的一站而已。还有一个视频记录了有上千只鸟儿冲进人们的家里，大量鸟儿在屋里面飞来飞去，直到最后救援人员把门打开，让鸟儿自动飞出去才得以结束。这种情况就完全是人们自身造成的，人们占据它们原有的栖息地，它们有时候报复一番，自然也无可厚非了。

## 鸟类和光污染

2022年5月7日晚,有网友分享了舟山的照片和视频:只见天空居然呈现出一片通红,"舟山天空"顿时冲上热搜。来源是一艘远洋船上的灯光,这么强大的光源之所以照亮了整个天空,是为了诱捕北太秋刀鱼。红和黄这两种颜色是可见光中光波最长的,穿透力非常强。加上空气中悬浮的水汽多,形成气溶胶,这才会出现这种"诡异天象"。

这红光看似有趣,却是一种光污染。城市里的噪声和光污染对于鸟类的影响是巨大的。英国《自然》杂志于2020年11月11日发表了一项新研究成果,向我们展示了迄今为止最全面的城市噪声和光污染如何影响整个北美地区的鸟类。这些因素还与气候变化相互作用、相互影响。

和人一样,鸟类也具有自己固定的生活习惯。和人不同的是,人可以选择在家里拉上窗帘,而鸟类可没有这么好的居住条件。一部分鸟类选择白天活动、晚上休息。晚上强大的光源会对它们的睡眠造成极大的困扰。鸟类体内激素的变化直观影响了其反应。有人做过实验,让家养的鹦鹉保证12个小时的睡眠时间,鹦鹉的生活一切正常。一旦减少鹦鹉的睡眠时间,用光照来改变它的睡眠时间,那么它就会变得暴躁、乱动,出现一系列不正常举动。同时更多的实验也证明,灯光的颜色和照射距离对于幼鸟睡眠的影响非常大。

另一部分鸟类则选择白天休息、晚上出来活动,那么强大的光源对它们的影响就更大了。原本由于鸟类自身拥有出色的夜视能力，捕猎时对于猎物来说是单向透明的。但由于光污染，猎物也可能发现鸟类的存在，这会破坏鸟类的捕食。除此之外，城市中的鸟类每天比乡下的鸟类多接受将近半个小时的光照，因此，它们的求偶期会提前到三月初，而在乡下则要推迟大半个月。光污染无疑打乱了鸟类的正常生物钟，影响了雏鸟的发育和各个物种的繁殖。虽然对鸟类而言相差不过十几天，但食物是有季节性的，这也是它们能够正常繁殖的重要因素。如今，人工光源不仅仅是照亮城市的某个角落，而是映红了整个城市的天空。这么强大的光源，让鸟类非常讨厌。如果它们在迁徙路上遇到这样的灯光，有80%会迷航。

## 鸟类的招引

"蝉噪林逾静，鸟鸣山更幽。"你们有没有听过山林里的"音乐会"呢？没错，就是鸟儿们在园林里唱歌的那种感觉。一片蝉声加上几只鸟儿的优美鸣唱，怎么能不让人陶醉呢？想象一下，你在园林里漫步，眼前是一片绿草茵茵，耳畔是鸟儿悠扬的歌声，这感觉简直太棒了！园林景观效果并不只是视觉效果，听觉效果同样重要。鸟儿美妙的歌声可以为园林增色不少，甚至能成为城市文化的一部分，比如受人喜爱的鸳鸯和喜鹊，它们的文化寓意也十分深刻。让我们一起享受城市园林中的音乐盛宴吧！

小伙伴们，你们知道吗？城市里的鸟儿们可不容易过上安稳的生活。因为城区建筑比较多，树木也比较少，它们缺乏天然的家园和栖息地。所以我们需要帮助它们搭建房子，给它们找到一个隐蔽的角落，在树枝上挂上漂亮的人工鸟巢，让这些小可爱们有自己的家和繁殖的场所。同时，我们还可以种植一些植物，给鸟儿们提供营养丰富的食物。这样，城市里的鸟儿们就会越来越多。人工招引鸟巢不仅可以为野生鸟类提供适宜栖息和繁衍的生存环境，还能通过生态学原理开展引鸟治虫生物防治，充分发挥"森林医生"的自然调控功能，从而减少园林绿地内植物虫害的发生和蔓延，维持生态系统平衡，营造人与鸟类和谐共处的城市环境。

枫杨、朴树、榆树、枫香、悬铃木、水杉等高大型乔木可是鸟儿们筑巢的首选！树木的茂密树冠和粗壮树干，不仅能够为鸟儿遮风挡雨，更能够提供稳固的基地，让这些小家伙们好好地抚育后代。

而像枇杷、桂花、石榴、垂丝海棠等小乔木，则成为棕背伯劳、暗绿绣眼鸟等这些小鸟们的心头爱。其紧凑的造型、茂密的枝叶为小鸟们营造了一个完美的家园，让小鸟在这里能够自由自在地生活和繁衍。当然，还有那些灌木，如蜡梅、紫荆、南天竹、小叶女贞等，则是大山雀、白头鹎、红头长尾山雀等喜欢筑巢的小鸟们的最爱。这些多姿多彩的植物不仅为城市增色添彩，更成为鸟儿们的温馨家园。

在我们的城市园林里，种上一些观果植物，能吸引可爱的鸟儿们来做客。这些植物不仅可以为城市增色添彩，还能为鸟儿们提供丰富美味的食物，让它们在城市中生活得更加幸福自在。要想吸引鸟类来到公园，在植物选择上就要特别讲究了。比如，红叶李、桂花、八角金盘、鸡爪槭、红枫、珊瑚树、香樟、冬青、南天竹、石楠、海桐、火棘、无患子、麦冬、枫香等，都是非常适合在公园中种植的观果类植物。这些植物在秋冬季节挂起美味的果实，让鸟儿们能够在城市中轻松找到食物，度过难熬的冬天。

那么哪些可爱的鸟儿会来做客呢？有白头鹎、大山雀、乌鸫、红头长尾山雀、珠颈斑鸠、山斑鸠等，它们会在公园里找到足够的食物并且安心生活，成为我们城市中不可或缺的一分子。

在你去公园散步的时候，不妨多留意一下这些观果植物，也许你会意外地发现一只可爱的小鸟在树枝上跳跃，为你带来美好的惊喜呢！

总之，公园里的植物不仅能够给我们带来美味的果实，还可以吸引可爱的鸟儿们来做客。不过，要让这些鸟儿在城市中生活得更加幸福自由，我们还需要为它们提供更多的栖息地和食物。怎么做呢？

首先，就是我们前面说的，我们可以在公园中种上一些观果类植物，比如上述红叶李、桂花、八角金盘、鸡爪槭、红枫等，这些植物不仅可以提供丰富的食物，还能为鸟儿们增加栖息场所。此外，我们还可以建立小型水面景观，为鸟儿们留下水源地，并设置浅水滩、河流、湖泊等不同的水体景观，让它们在城市中也可以自由自在地享受水域生态。

其次，我们还需要建立起连续性的城市绿地，让鸟儿们有一个安全、舒适的生存环境。为了方便鸟儿们在各个绿地之间的移动，我们可以考虑建立起适合它们生存的通道，比如用低矮植物构建生物长廊，加强绿地的连通性，提高鸟儿们的栖息质量。

最后，为了减少对鸟儿们的干扰，我们需要在绿化景观的打造中尽可能减少使用会对它们造成视觉干扰的材质，比如反光度较高或颜色夺目的材质。而选择环境负荷小、对生命体无害的材料，比如石材、枕木、枯树枯枝、竹等，这不仅能够保护鸟儿们的生存环境，还能提升公园的整体美感。

让城市变得更加友好，不仅是人类共同的愿望，也是鸟儿们渴望的。只要我们一起努力，相信城市公园一定会成为它们喜欢的家园！

## 鸟类的驱赶

前面写了人们要在园林里吸引鸟类的到来，这节为什么要写鸟类的驱赶？原因不外乎有两类。内因和外因共同决定了在某些时候驱赶鸟类是有必要的。

一方面是鸟类自身的原因。我们用各种手段来驱赶它们，是为了防止它们受到伤害。你们有没有看到过鸟儿撞上玻璃窗的场景？其实很多时候都是因为它们太"傻"了，看到天空反射在玻璃上，就以为能一路飞过去。不过就算它们够聪明，还是难免会被建筑物的灯光弄得眩晕迷路，最终撞上窗户或者其他玻璃构造的建筑物。这种事情可不少见，每年春秋两季，我们都会接到不少关于鸟类受伤的求助电话。据国外统计，在与建筑物的碰撞中，每年都有数亿只鸟儿死亡。

从我们的救助记录就可以发现，小到山雀，大到各种猛禽，各种动物都有可能受到撞击的影响。鸟儿在飞行中撞上玻璃窗可不是什么好玩的事情，这种撞击对鸟类的伤害严重，多数鸟儿可能会直接因此颅内出血死亡，有时候甚至连坚硬的头骨都会有所损伤。少部分鸟儿撞击后在当时可能会幸存下来，但因为鸟喙断裂或颅内出血等原因会在随后的数小时到数天内死亡。通常而言，鸟的体形越大，受到的伤害越大。以昆虫为主要食物来源、居住在林地的候鸟比其他动物更容易撞击表面为巨大玻璃的建筑物。为了保护这些小动物们，我们要尽力减少这种事情的发生。比如说，我们可以避免建筑物使用大面积玻璃幕墙，或者在玻璃上添加图案和点状条纹，打破反光表面。此外，我们还可以在夜间关灯，避免光线强烈的干扰对周围环境造成影响。如果你想多一份保障，不妨试试在窗户上贴上能反射紫外线的贴膜，因为鸟类对这些非常敏感。此外，人类已经探索了利用声波来防止鸟类撞击高大建筑的方法。通过安装扬声器发射声波的方式，可以帮助鸟类收到预警，从而保障它们的飞行安全。如果你是一个植物爱好者，在家里或办公室里摆放悬挂在窗边的花盆时，要格外小心。最好把它们放在远离窗户的地方，或者在白天把它们放进屋内。这样可以避免鸟儿被误导，最终导致意外撞击。以上通常算是出于保护鸟类的原因而驱赶它们。

另一方面是人类的原因。由于鸟儿会产生某些损害性后果，人们需要通过某些手段在某些地区减少鸟类的存在，来保证自身的利益。

到了秋季，硕果累累，麦浪滚滚，鸟儿们也被诱惑得不行了。这可急坏了农民大哥，为了保护果实，农民大哥想出了各种各样的招数来驱赶这些贪吃的小东西。最开始，人们在田里竖起了一个超级简陋的稻草人。这可不是什么高端货色，只是一根竹竿上随意地插上几把稻草，再挂几条破烂的布条而已。可是，一到刮风天，这个稻草人就立马有了生命。随着风儿吹过，破烂的布条扑通扑通地摆动着，发出阵阵刺耳的声响。鸟儿们一见，吓得直接朝别的地方飞，再也不敢回头。然而，这个简单的手段显然还不够。于是，农民大哥开始思考更为高端的驱鸟方法。终于，人们发现了一个无害化的利器——超声波的驱鸟器。这个家伙就是带有猛禽叫声的扬声器，效果十分不错。只要一开声，周围的鸟儿们就会以为附近来了几只恶鹰，只能乖乖地趁早撤退。

还有一个需要驱鸟的场景就是机场了。机场里可是隐藏着一个特别的职业——驱鸟师！他们的任务就是确保在飞机起降过程中，鸟类不要"插一脚"，搞乱整个安全局面。你可不要小看这些小鸟，虽然它们体形娇小，但一旦与飞机相撞，冲击力可大得吓人。比如说，一只 0.45 千克的小鸟与时速达到 800 千米的飞机相撞，就会产生 153 千克的冲击力；而一只 7 千克的大雁撞上时速 960 千米的飞机，冲击力将达到 144 吨！真是想想都觉得可怕啊！所以，机场里的驱鸟师们可是非常重要的存在。他们要想方设法地将这些小东西赶走，从而保证飞机起降的安全。当然，这些可爱的小鸟也不是那么好对付的。机场周围已经采用了很多驱鸟手段，如声音、灯光等，轮番上阵，希望能够让它们远离机场。但问题是，这些小鸟逐渐习惯了这些手段，继续在机场周围快乐地生活。为了从根本上减少鸟类的撞击事故，驱鸟师们想出了一个好办法——减少区域内的食物来源，切断它们的食物链。这样，虽然小鸟们还是会飞来看看，但是由于没有可食用的东西，它们就会离开这个地方，不再造成危险。

## 鸟类语言的破解

语言是让人类高效沟通、相互理解的有力工具，鸟类也有自己独特的语言方式，只不过这种"鸟语"比较难懂，需要人类的不断探索和解码。总体来看，鸟类的语言可以分为两种：肢体语言和声音语言。通过肢体动作和发声方式，它们能够向我们传达它们的感受和状态，例如幸福、满足、惊讶、生病、饥饿、疲倦和愤怒等。

有趣的是，不同鸟类的语言方式各不相同。有的鸟儿会摆出各种"花式动作"，比如扇动翅膀、颤动尾巴等，用身体语言表达内心世界。而有的鸟儿则依赖声音语言，它们会发出各种各样的叫声和啁啾声，有的像是唱歌一样悠扬动听，有的则是尖叫连天、闹得满城飞。这种语言虽然我们人类可能听不太懂，但对于鸟儿们来说，却是用来表达情感、传递信息的重要手段。类似于人类的肢体语言，鸟类的肢体语言也能够表达它们的情感和意图,例如眨眼、扇动尾巴和羽毛蓬松等行为都可以传递信息。当鸟类感到兴奋或者愤怒时,它们通常会收缩瞳孔并张开尾巴,同时发出咕噜咕噜的声音,这些行为都是在警告周围的动物保持距离。反复收缩瞳孔可能是攻击、兴奋、紧张或快乐的信号。当鸟儿展现出攻击行为时,尾巴通常呈扇形展开,这时瞳孔收缩行为就表示着"离我远点!",发出的咕噜咕噜声与咆哮声有些类似。鸟儿的身体处在放松状态,羽毛蓬松,这一行为表示它们处在安全的环境下非常安心。对环境感觉安全、有保证、幸福时,它们还会吹口哨、唱歌、说话,清晨太阳升起时,以及黄昏太阳快落山的时候,都会如此。

某些鸟类会使用击打翅膀的办法警告对方自己正在保护领地。无视这一警告而入侵的鸟儿通常会被"击打者"追赶,后者随时张开喙部,准备咬对方。除了击打翅膀,鸟儿低着头走向人或其他鸟类是为了吓跑入侵者。压低头部,向前蹲伏,尾羽呈喇叭形展开,躯干的羽毛蓬松,这样的鸟儿愤怒值满点,千万不要接近这种鸟儿,它们可能是在说:"我非常生气,如果你再接近,我要咬你哦!"

这些只是一部分鸟儿的共同特征,猛禽就不会给你机会交流,它们会直接飞往远方的森林。

鸟类的声音也是有深意的。比如说,厉声上扬的叫声,是战斗力相当的鸟类吵架和打架之前发出的警告信号,就像人类的"别惹我!"一样霸气。而机枪般短促清脆的叫声,一般在春天占领领地或者求偶时发出,曲调不一、变化多端,简直就是鸟类界的"音乐大师"!

鸟类杂记

还有，灰喜鹊可是个非常会劝女孩子的好男生哦！它们会发出连续粗哑的叫声，目的是劝雌鸟走出家门，勇敢去探索更广阔的天地。而当它们遇到打不过的敌人时，就会发出一种特别的叫声，这就像是鸟类版的"撤退！撤退！"号令，让它们的小伙伴们避开危险。

鸟类世界中有一位强大的语言学专家，它就是白头鹎。白头鹎可是最常见的鸟类歌手。繁殖期时，雄性白头鹎的鸣唱更是如同"天籁之音"，让人陶醉不已。它们的鸣唱连成一片，婉转悦耳，宛若一首首动人的歌曲。每个地方的白头鹎鸣唱都有所不同，它们的歌曲就像不同地区的民间音乐，充满着浓郁的地域特色。

白头鹎的日常交流就比较粗鲁了，它们的社交性叫声短粗、单调，有些像是喝醉酒后的人群在吵架。但是奇怪的是，无论哪个性别的白头鹎都会发出这种叫声。不过，一旦你听到它们发出快速弹动的嗒嗒嗒声，就要小心了。那是白头鹎发出的紧急报警和驱逐警报，就好像人类世界中的"火警！火警！"一样，让你倍感紧张和警惕。所以说，听懂鸟类交流也是一项非常有趣和充满挑战性的事情。

## 鸟类和环志

你们是否还记得那只登上了舟山报纸的黑脸琵鹭呢？这种鸟儿的确挺多的，长得也十分相似，但我却认出了那只"与众不同"的家伙，原因就在于——鸟儿环志！是的，科学家们早在19世纪就开始对鸟儿进行环志了。当时的环志方式可真是简陋，就是在鸟腿上系一条金属环带，连编号都没有。现在环志的方式更加高科技，但是这个最基础的方法至今仍在使用。

带有环志的黑脸琵鹭

你可能会问，为什么要对鸟儿进行环志呢？科学家通过对鸟类进行环志，可以追踪它们的迁徙路径，还能确定它们的繁殖地点和数量，甚至推测它们的年龄。就好比我们在玩"捉迷藏"的时候，如果标记一下每个人藏身的地方，玩的时候就能轻松找到他们了。

这只腿上写着编号V73的黑脸琵鹭是2018年在韩国仁川附近的小岛上环志的。我们知道这些信息就是因为鸟儿环志，对比2019—2022年的照片发现，特征非常明显，编号颜色一模一样，就知道它们又回来了。

自19世纪初以来，鸟类环志已经发展成为监测鸟类种群数量的必备工具。与其他监测方法相比，环志工作不仅可以为科学家提供了解鸟类的机会，还可以收集形态测量数据，甚至计算出单只鸟的生存率。

## 鸟类杂记

环志真的是鸟类研究的一项重要工具,也是一场关于"鸟类身份识别大挑战"的有趣游戏。

在现代科学的帮助下,我们可以更加有效地监控鸟儿的迁徙路线。无线电追踪、卫星追踪等诸多高科技手段,让我们能够追踪鸟的移动轨迹,并获取大量宝贵的生物信息。借助这些卫星定位追踪器和专业软件的使用,我们能够实时掌握带有追踪器的鸟类所处的位置。不过,这项"新技术"并不廉价,而且对鸟类个体大小也有一定要求。同时,携带装置的鸟儿也常会被其他天敌攻击而殒命。我的同事们曾捡回过无线电信号装置,却发现鸟儿被吃得只剩下了一个头颅。可见,科技再先进,也不能完全摆脱自然的力量。

因此,最常用的方式是采用颜色组合和带编码的旗标。这种方案不仅不会大幅增加预算,而且可以显著提高回收率。随着高倍望远镜和长焦相机的普及,我们通过观察带旗标的鸟类颜色组合和编码,并统一输入网站,就可以共享这些信息了。这种方式不仅能提供大量有用的数据,还能让我们更加亲近自然,与野生动物建立更为密切的联系。

在观鸟过程中,我发现通过观察编号、回报信息等,能够了解到鸟类的一些个体特征和历史信息。这让我对鸟儿的生活习性更加着迷,也期待在下一个迁徙季来临时,再次在自然中与它们相遇。总之,科技和人类的努力,让我们更加深入地了解了自然的奥秘,也让我们变得更加谦卑和敬畏。

## 鸟类的救助

作为林业部门的工作人员，不可避免地要和鸟类救助打交道。在长达两年多的时间里，我和我的小伙伴们都是"救鸟小能手"，负责拯救那些不幸落难的小鸟。说到这个工作，唯一的要求就是得让它们"活下来"，重返大自然。

我们接到的电话大多数都是这样的内容，市民们发现一些意外落到地上的雏鸟，请求我们的救助。有时候，这些可爱的小家伙并没有受到太大的伤害，只是不小心从巢穴里掉了出来，或是刚刚学会飞行，有点动作不连贯而已。而这个时候，它们的父母常常躲在附近等着喂它们，这些小家伙也会躲避围观的人群，藏身于角落里。这个时候我们就需要保持原状，静静地离开，绝不打扰它们，因为它们很可能正在接受父母的特别训练，准备挑战高空飞行。

救助鸟类可不是一件简单的事情，要面对攻击的风险，还得应对各种不同情况。大型猛禽的翅膀、锋利的爪子，以及硬如钢铁的嘴巴都可能成为攻击我们的利器，记得小心。当它们缩着脖子、羽毛凌乱时，就表示它们可能要发动攻击了，要提高警惕。

救助不同的鸟类，也需要有不同的方法。我们救助过因天气炎热而虚弱的小鸟，也遇到过撞在玻璃幕墙上的凤头鹰。还有一些小鸟不小心飞入室内，这个时候最好的办法就是打开窗户，让它自行飞走。如果你使用工具驱赶的话，可能会触怒它，引发二次伤害，所以还是给它足够的空间比较合适。

　　我们是不是可以给它搭一个临时的住所呢？这当然没问题。快递的纸板箱就是一个非常好的选择。根据鸟的大小来选择箱子是我们的一贯做法。通常我们会在里面插上两根树枝，让它习惯性地站在树枝上。这样的临时住所能让鸟儿不再害怕，而且不会因此造成二次撞伤。把鸟儿放进去也是非常有难度的，要根据大小进行不同的处理。要是捡到麻雀大小的鸟儿，我们只需要捏住它的小腿就可以了。再大一点的鸟比如喜鹊，一个巴掌的五根手指要全员上阵才能将其控制起来，使得它不能张口咬人，也无法张开翅膀攻击人。更多的鸟儿就是要将其喙捏住，同时握住翅膀，从而使其不容易轻易逃走。要是再大一点的鸟，就可以考虑用布袋把头套起来，让它安静下来。对于救助站而言，笼子是最不合适的居住点，鸟儿由于自身的野性会不断地尝试逃跑，这会严重磨损其翅膀上的飞羽，导致它们无法再次飞行。

被救助的小猫头鹰　　　　被救助的猴面鹰

　　通常而言，要是你发现受伤的鸟儿可以联系当地的野生动

物保护部门，他会做一个非常好的处理。那么我们如何来救助鸟儿呢？我们接收到鸟类之后都会对其进行初步检查。要是发现没有外伤，会采用上面说到的救助方法，要是受伤就有专门的兽医开展救助。

鸟类救助完的放飞通常是我们所喜欢的过程，有些人喜欢把鸟儿抛向天空，希望它们能够获得更大的自由。但是我要告诉各位爱鸟人士，这样做并不可取。因为鸟类非常容易被惊吓而再次撞伤坠落，这只会让它们更加痛苦。如果你想让鸟儿飞走，等待它们恢复健康后拿着装有它们的箱子到开阔地，慢慢打开，让它们自行离开，这样它们才能拥有真正的自由。

当然，还有一件事情需要大家注意：不是所有的鸟类都可以放飞。比如那些外来物种或是人工繁殖的宠物，最好不要悄悄放飞，因为它们在野外很难生存下来，甚至可能成为下一个入侵者，打破我们的平静生活。所以记住，我们要保护野生鸟类，也要保护我们的环境和生态平衡。

鸟类杂记

# 鸟儿与世界

## 鸟儿和昆虫

你们有没有听过"螳螂捕蝉，黄雀在后"？这句话至今成为数千年来人们的谚语。可事实上这并不靠谱，因为黄雀可不是吃螳螂的，它们基本上属于素食主义者，除了偶尔吃点昆虫，它们最爱吃的还是各种植物的嫩芽、叶子和水果。所以可能我们要想象一下，黄雀在后面抢夺的不是螳螂，而是什么绿色的鲜美食材。

螳螂有时候却能把鸟给吃了。这并不是偶然的现象，科学家们在观察螳螂的过程中，发现螳螂会对那些专心致志寻找花蜜的蜂鸟下黑手。别看螳螂平时专门抓一些小昆虫，但是它们其实是"杀手"。科学家们发现，螳螂非常擅长趁着蜂鸟在花丛里寻找美味花蜜的时候出击，一把抓住蜂鸟的头颈，把它们变成自己的餐点。

除了螳螂之外，有这么一类蝴蝶叫作猫头鹰蝶，它们会模仿猫头鹰的形态，蒙骗天上飞的对手。科学家们给这些猫头鹰蝶起这个名字，真是太贴切了。毕竟，这些蝴蝶模仿猫头鹰的外形，让我们在见到它们的时候能够轻而易举地辨认出来。它们并不是只有一种，而是有20多种，归属在猫头鹰环蝶属（Caligo），多数个头那叫一个大啊！展开翅膀一量，从65毫米到200毫米，直接秒杀其他蝴蝶的身材！它们这么大个头，每次飞行可得花费大量能量，所以它们比起其他蝴蝶，在野外很少活动，就算危险来了也是逃几步就不动了，偷懒之余，还能省点体力。话说回来，它们为什么会模仿猫头鹰呢？难道是因为猫头鹰很牛吗？令人很难理解，但这些猫头鹰蝶展开翅膀时，就像两只炯炯有神的猫头鹰眼睛，让人感觉就像被凶神恶煞的猫头鹰盯上了一样，太有威慑力了。这也是猫头鹰蝶的特殊本领——警戒色，以此来欺骗捕食者，让它们误认为有一只大眼睛的动物在盯着自己看，就会被吓跑。

螳螂吃蜂鸟　　　　　　　　猫头鹰蝶

鸟儿有时候也会模仿昆虫。栗翅斑伞鸟就属于这种神奇的生物，长相平平无奇，毫不起眼。不过它们的雏鸟可是大名鼎鼎，从一出生就套着一层又长又密的亮橙色绒毛，尖端还白白的，延长成丝状，披在身上就像穿着超级紧身毛衣。科学家们最初以为这些橙色绒毛是为了模拟筑巢枯叶的保护色，后面才发现，它们其实是在模仿有毒昆虫！利用贝茨氏拟态这种本身不含有任何毒素的生物，通过相似的形态、颜色来模拟同一环境下的捕食者或者是有毒的生物的模拟现象，以此来达到警戒作用。不过说实话，这种现象于鸟儿也算得上是相当罕见。我们不禁感叹，自然界竟如此灵性，生命竟能在不断进化中寻找到自我保护的最佳方式！

昆虫也能模仿鸟类的羽毛来伪装。在夏日的夜晚，你可得留意一下枝头有没有几片白色的东西。小朋友们会认为那是树上的白色嫩芽，但其实那是一只超级有特点的虫子——广翅蜡蝉。这只广翅蜡蝉的背后背着一大片白色蜡丝，像扇子一样撑开，就好像孔雀开屏覆盖了整个个体的背面，它们以此来遮盖自己的身体，让其天敌误认为这是树上的普通绒毛而已。不过，要是用相机来拍摄这只广翅蜡蝉，你就会惊呼"白色小凤凰"。那背后撑开的白色蜡丝和扇子似的羽毛会把你的眼球瞬间抓住，让人忍不住想拍下来发到朋友圈！

鸟儿对待蚂蚁，简直就像是对待珍贵的宝藏。有些鸟儿会把窝里的蚂蚁一个一个咬出来，然后扔进自己的羽毛里，或者直接拿来"擦澡"，那场面真是匪夷所思！它们都是细心的美容师，把蚂蚁当成了最好的护理工具。

而且，这些鸟儿在使用蚂蚁时动作大同小异，半闭着眼，用喙点住蚂蚁，同时展开翅膀，前伸身体，就像在做瑜伽一样，把飞羽末端稳固地支撑在地面上。为了更好地擦拭羽毛，它们还会使劲儿把尾巴向下弯曲，并且有时还要踩住自己的尾巴，甚至是头顶朝下、仰卧或侧卧在地上，千姿百态。

鸟儿的滑稽举动可是有原因的。科学家们发现，它们所使用的虫子和代替品其实就是天然防腐剂，能够预防羽毛上的寄生虫。原来，蚂蚁的那股酸味以及其他刺激性成分，可以驱赶各种羽毛寄生虫，好一剂"神奇的小药方"！不仅如此，蚁酸还可能对鸟类身体起保健作用，就像蚂蚁酒能治疗关节炎一样。这些鸟儿真是太懂得如何保养自己了。

昆虫有时也需要鸟儿。对于生活在热带雨林西部的蝴蝶来说，钠的来源可是个大问题，毕竟丛林里可不是什么都能吃到的。可怜巴巴的它们只能把希望寄托在外力上，寻找机会来"补充营养"。于是，就在亚马逊热带雨林里，一幕奇特的场景出现了——一只飞蛾竟然悄悄地溜到了一只正在睡觉的鸟儿旁边，并巧妙地用管状口器插入鸟的眼睛中，抽取了几滴美味的泪水，而那只倒霉的鸟儿在睡梦中还浑然不觉。

如果你在长江中下游地区溜达，不小心看到了一只类似于蜂鸟的昆虫，别急着说身边有蜂鸟，其实，它很可能是一只蜂鸟鹰蛾！

这玩意长相奇特，好像是蜂鸟和蛾类的合体，时而在鲜花间吸着花蜜，时而在花丛中优雅地飞舞。凸起的触角和长长的喙管，让人一看就知道它不是省油的灯，似乎还想和我做个"鬼脸比赛"呢！所以，大家可别被它的外表欺骗了！它虽然看起来像蜂鸟，但绝对不是真正的蜂鸟。

鸟和昆虫一般都是"明争暗斗"，毕竟鸟类大多数时间都把昆虫当成美味的大餐。但是别以为吃昆虫就是儿戏，鸟的捕食速度可不是一种因素能决定的。除了自身的生理需求、捕食方式、时间、季节、年龄、自身状态等因素外，还有很多其他因素也会影响一只鸟吃下去的昆虫的数量。为了研究鸟类对昆虫

的作用，科学家们经常会从鸟吐出的食团中寻找秘密。毕竟，这些鸟把昆虫吃到肚子里后没消化完就直接吐出来了，相当于鸟胃

捉到虫儿的戴胜

取样，省去了很多麻烦，也更加可靠。虽说一种鸟在某个特定时期可能只吃一种昆虫，但它们的食物来源一般比较广泛，包括有害昆虫和有益昆虫。这些鸟可不太会做出选择，只想着把肚子塞饱而已。大山雀绝对是超级厉害的昆虫杀手。在山区里，我们为了招引它们常常会设置人工树窝，把它们吸引过来。别看这些鸟个头不大，但它们足以让不少昆虫闻之色变。松树林里的天牛们，在大山雀看来就是一块又一块吃起来嘎嘣脆的美味巧克力。我就经常在林子里看到过它们用尖利的喙从树上捉出天牛，扬起脖子畅快吞掉的情景。在一个非常短的时间里，它就能干掉数量巨大的昆虫。昆虫有强大的繁殖力，但只要控制了上一代昆虫，就可能对后代的密度和数量产生巨大影响。

　　昆虫数量和鸟类数量的变化是个很有意思的研究现象，也吸引了不少人将其作为研究课题。两者的数量变化存在着一个动态相应的过程。若是在某一年某种虫害大规模爆发，那么作为其天敌的捕食者相应也会增加繁殖数量，它们也会增加后代来适应食物的增加。当食物数量减少的时候，它们可能会选择搬离这块区域，或者是主动减少繁殖的数量。

我们往往认为鸟类对昆虫的影响是直接的，实际上，各种天气以及可能的疾病都会致使鸟类捕食昆虫的时机失准。研究鸟类对病虫害的控制是我们一直以来做的事情。在没有大量鸟类存在的情况下，松毛虫在森林里肆虐横行，受害率高达25%以上。但是在鸟类繁殖季节，受害率却可能降低到8%左右，只是平时的1/3。这是因为大山雀等鸟类在繁殖期间，对于小小的松毛虫瞄得可准了，它们的猎物感知能力无与伦比。此时，松毛虫密度会出现先提高又降低又回升的趋势，松毛虫数量的变化也反映了鸟类种群数量的变化。

再说一说美国冷杉和云山卷蛾。云山卷蛾是北美冷杉最主要的害虫，就像在虫害大爆发的最初阶段，鸟类可以捕食13%的卷蛾幼虫，但在虫害爆发的最后阶段，鸟类只能吃3%~7%的卷蛾幼虫。大爆发之时，各种鸟类胃中卷蛾幼虫的比例明显上涨，超过10%。这再次说明了一个道理，鸟类通常能够敏锐捕捉到虫类数量大增的变化，原来主要以获取植物性食物为生的鸟类有可能会临时改变口味，转战灭虫一线，还会主动多产一窝卵来适应情况。

美国白蛾也是相当好的研究对象。在国外，匈牙利的科学家发现鸟儿杀伤了90%以上的美国白蛾，对控制爆发起到了重要的作用。日本的研究人员发现了一个惊人的事实——这些美国白蛾大多在白天被杀死。后来才知道，这是因为日本鸟类的活动主要发生在日落到日出这段时间，所以美国白蛾没看见太阳光普照，反而碰上了"鸟群突袭"。话说回来，鸟类和害虫之间的关系可不是一般的复杂。虫类密度上升，鸟类数量就跟着上升了；虫类数量下降，鸟类就得开始四处觅食了。啄木鸟作为一只鲜艳的"森林医生"，专门负责蛀干害虫。啄木鸟专业的捕食技能可以将森林里的天牛幼虫的数量降低30%~60%。

话说回来，尽管鸟类在捕杀昆虫时存在很大的随机性，但它们对于昆虫密度的调节作用可是非常重要的。这些鸟儿不仅能影响害虫的密度，还可以阻断利用昆虫传播的其他病虫害。它们就像是一支森林中的"医疗队"，毫不起眼，却是整个生态系统中不可或缺的一分子。

当然，要是靠鸟类来完全控制病虫害的爆发，那可就太天真了。这个世界可没有那么简单，尤其是对于这个细密复杂的生态系统来讲。一场病虫害大爆发不能指望鸟儿们一哄而上就完事了，这就跟想靠鸡鸭控制草原蝗虫一样可笑。控制昆虫病害的大爆发应该在爆发初期就投入力量，这个阶段鸟类能够控制森林内昆虫的数量，但在虫害大爆发后，由于鸟类数量始终有限，鸟类并不能够阻止虫害的爆发，因此我们还需要各种手段来维护森林的多样性和生态稳定，以此来构建更为和谐的生态系统。

## 鸟儿和蛇

在各种视频平台上，我们经常可以看到蛇和鸟激烈打斗的场景。在大多数情况下，蛇在战斗中通常处于下风。在鸟类的战斗序列里，可以秒杀蛇的鸟儿可不少。从名字里我们就可见它们对于蛇类的杀伤力。

正式中文名里但凡带一个"蛇"字的鸟类，通常都是蛇类的克星。蛇鹫、蛇雕都是蛇类最危险的敌人。蛇鹫生活在非洲大陆，细长的大腿，姿态优雅，单看外表你根本想象不到它们会选择毒蛇作为食物。它们那双在猛禽中排得上号的长腿虽然纤细，却是威力巨大，因为足够长，毒蛇不容易缠住其身体，脚面有半寸厚，毒蛇牙再尖锐也难以穿透这层防御。这些沙场老将极其聪明，它们并不是一上来就直接冲向蛇类展开激烈的肢体对抗。相反，它们会先在地上耍些步法高明的踢踏舞，像个"跳跳虎"一样忽左忽右、灵活机敏，一副招式多变的样子。这个时候，它们会仔细观察对手的反应，再根据蛇类的习性来预判它们下一步的动作。就算是最毒的毒蛇，也难以突破蛇鹫的防御。然而这还不是最有趣的。蛇鹫的拳脚功夫可谓是登峰造极，左右闪避之间，经常会声东击西，忽然一个转身，跳到蛇背后，然后来一个凌空偷袭。靠着连绵不绝的腿法攻势，蛇鹫们每一次都能准确地命中目标，让蛇逐渐陷入被动。等到蛇浑身受伤、气息衰竭之际，世上最可爱的"小鸟侠"就来了——蛇鹫会飞奔上前，直接对着敌人的要害狠狠一击，抓住机会，一击必杀！

蛇雕也是捕蛇家族中的一员。为了能够在茂密的丛

蛇雕进食

林中畅通无阻，蛇雕的身体进行了一些"小改造"，个头缩小，翅膀削短，嘴巴加长，自身也变得更加敏捷灵活，搞得它像一个全方位截杀机器，只要锁定目标，一击必中，就算是那些毒蛇都不能逃脱它强有力的攻击。这个过程看起来似乎比较简单，但是蛇雕的捕食过程还是有看点的。看到目标后，蛇雕会用一种十分娴熟的技巧，像一架航空母舰上的舰载战斗机一样，在茂密的森林间穿梭自如。这关键时刻，短翅膀功不可没，省去了大量的空间，而长尾巴增加了它的灵敏度，让飞行体验更加独具特色。其捕食过程就简单得多了，认准目标，一击必中。

　　吃蛇的鹰类都是肉食性动物，食物包括老鼠、野兔、小型鸟类和蛇，金雕甚至能捕捉山羊，绝对是一种猛禽。对于蛇来说，只要遇到了这帮大佬级别的猛禽，基本上没有逃跑的机会。因为鹰有千里眼之称，任何在地面上爬行的蛇都逃不过它的锐利目光，它那强壮的腿和锋利的爪子能够轻松撕开蛇的皮肉，可以将之打包带走。

　　虽然鹰的喙有点儿短，但吃蛇毫无压力。毕竟，身为猛禽的代表，鹰的消化能力也超强，吃下去的蛇，一会儿工夫就会被消化成为零落的碎片。

进击状态的蛇岛蝮

那蛇岛上的蛇岛蝮呢？它的捕食手法更是难以想象。利用身体背面带点灰褐色的外套，它将自己伪装得像一根树枝,好让周围的鸟儿都把它当成大自然中的一部分,接下来它就默默等待着那些到溪边饮水的鸟儿们出现。除此之外,它还会蹲在树上守株待兔,等那些候鸟在树上歇脚,就能轻松抓住猎物。

## 鸟儿和植物

这些年在写科普文章的同时,我经常会带一帮小朋友去观鸟,在公园里、山野中去寻找鸟类的身影。鸟儿在植物上的活动是有规律可循的。花开之时、果熟之时都是它们集中亮相的高光时刻。

那么,鸟类对植物有哪些作用呢?我们可以从以下几点来好好分析一下。作为食物链的基石,植物对于鸟类而言相当重要。因为在很长一段进化过程中,鸟类和植物是互相协同进化的。在帮助植物繁衍和扩散方面,鸟类作出了不少贡献。鸟类还能维持食物链中植物的平衡,让它们都能安安心心地成长发育。

海量果实被小鸟吃下之后,里面的种子顺着小鸟们的"飞行路线图"被带到了别处。虽然这些种子还没来得及完全消化,但是它们还是被小鸟"便便"的裹

啄食种子的白头鹎

着排出体外了。这些没消化的种子落入了土中，在适当条件下就能发芽生根。这种靠小鸟们扩散分布范围的植物真是不少。其实不止现代小鸟，就连古代的鸟类也参与了植物果实的传播。比如热河鸟，它是最早参与植物种子传播的鸟类之一。经过消化道的种子摆脱了肠胃的束缚，被随意排泄到各处，有机会在新的土地上茁壮生长。靠小鸟们传播的植物可是比较先进的一个类群。毕竟，鸟类传播种子的距离是所有方式中最远的。所以，大家在走路的时候，不要随便踩踏草丛，因为你可能会阻断一些植物的"传播史"。

在我们的印象里，植物是依靠风和昆虫来传粉的，鸟类是不太可能参与的。实际情况并不是这样，有不少鸟儿广泛参与了某些植物的传粉过程。在某些特殊的区域里，蜜蜂和蜂鸟混合传粉成为植物主要的传粉模式。传粉的鸟类可不只是蜂鸟科，全球温暖地区遍布着各种吸蜜鸟。比如南北美洲新大陆主要包括蜂鸟科和拟鹂科，华莱士线以东的东南亚诸岛及大洋洲则主要有吸蜜鸟科和鹦鹉科的吸蜜鹦鹉亚科，而旧大陆非洲则以太阳鸟科、鹎科和绣眼鸟科为主。这些"口咬花蕊"的鸟儿们有个共同特点，就是它们的喙和舌都非常长，还有管状或刷毛状结构可以提高吸蜜速度。

所以，你在花丛中看见各种色彩缤纷的鸟儿停留许久、不断舔舐那些花蕊的时候，别忘了，有些鸟儿会因为这个访花行为而具备传粉的能力。

依靠鸟类传粉的植物被称为鸟媒植物。在亚洲，鸟媒植物的花通常以红色为主，气味不明显，花蜜在清晨或傍晚分泌，花蜜量较大，花缺少指引昆虫的蜜源标记，而亚热带或高海拔地区温度相对较低，不利于传粉昆虫活动，低温期开花的植物常需要鸟类来帮助传粉。聪明的植物也知道，吸引口味挑剔的鸟儿可不容易。所以，这些植物特别机灵，特地设计了一些小花招。有的植物用管状花冠把花蜜深深藏起，让鸟儿不得不用带有花粉的羽毛去掏取花蜜，实际上这就是让鸟儿带着"官方指定"的通行证，帮助植物完成各种跨境传粉任务；有的则利用长长的花丝吸引鸟儿，这样可以在附带花粉的同时远离花瓣，以避免提前传粉，实现了"神不知鬼不觉"的效果。这就是两者的协同进化了。然而，总有那么一些喜欢不劳而获的小鸟们，来浑水摸鱼，吃一顿美食，根本不想为植物服务。于是，聪明的植物又来一招，通过口感的特异性来筛选传粉对象，好像是在向鸟儿发出"挑战鸟类美食家的邀请"，看看它们的口味到底有多独特。南非的一种短花管芦荟的花蜜就混入了一些奇怪的代谢产物，长喙的太阳鸟对这个口味受不了，而短喙的鹎类却完全不受影响；米团花甚至通过改变花蜜的颜色来传达适口度信息，就像是在给鸟儿提供一个口感诱惑，只有会识别成熟花中糖分最高、怪味最少的花蜜的短喙鸟儿，才能慧眼识珠，成功传粉。

除了帮植物传粉、传种子，鸟儿给植物治病也是一把好手。"以鸟治虫"是北方一部分林区的重要工作。每年春天，林场都要派人对林区内的鸟巢进行清理和修补。这些鸟巢箱就像是商品房，吸引大山雀、麻雀、柳莺等精英小分队在林子里安家。这些鸟儿可不是只管吃吃喝喝的，它们肩扛除虫大旗，以较生态的方式达到防治落叶松毛虫、落叶松鞘蛾等害虫的效果。

杂食的成年鸟类和小巧可爱的幼鸟，就像是配合默契的团队，在消灭害虫的事业中紧密合作。幼鸟的成长需要成鸟提供大量食物。成年鸟喂养幼鸟，往往需要依赖昆虫提供能量。毕竟，这个阶段幼鸟们多数时间都是埋头吃毛虫，养大一窝小山雀要消耗5000多只毛虫。大山雀是个大胃王，每天吃掉的昆虫数量差不多等于自身的体重。

## 鸟儿和动物

鸟类除了和植物、昆虫有着深厚的渊源，其实和其他动物也密不可分。

最典型的例子应该就是牛背鹭了，它看起来就像是一只粗短的白鹭，但它可不属于白鹭的一员，其实它和鹭属的大伙儿们更接近些。不像其他同类，牛背鹭们对鱼虾这些海鲜并不感冒，菜单上主打的是昆虫和其他小动物。所以，仔细观察会发现它们的喙通常较短，因为没必要去抓鱼，喙短一点既能省能量，又减少了飞行时的阻力，它们简直是生存高手。

牛背鹭和牛可是兄弟情深，它们的名字就告诉我们了。牛背鹭喜欢坐在牛背上。这个时候，只见牛大爷一路铁蹄踏破惊雷，草丛里、地面上的小昆虫和小动物都被赶得四处逃窜。这可正是牛背鹭的大好时机，轻松吃个饱。

不过，牛背鹭也承担起了消灭牛身上寄生虫的重任，真是名副其实的有百利而无一害。耕田的牛并不是牛背鹭眼中的唯一目标，只要有耕田活动的地方，牛背鹭就会找寻到它们的最爱。就比如说，在一台拖拉机后面，总能看到一群牛背鹭跟着翻天覆地、大快朵颐。这画面不仅极具想象力，更是展现了飞鸟和钢铁巨兽并存的震撼场景！

借助牛的前行来驱赶田里的昆虫，从而获得食物的鸟儿并不只有牛背鹭一种。白头牛文鸟和褐头牛鹂都是典型的借助牛来觅食的鸟儿，褐头牛鹂为了跟随美洲野牛到处迁徙，导致没有时间营建自己的巢穴，只能按照杜鹃同款育儿方法进行巢寄生。它们会在其他鸟类的巢中产卵，由其他鸟儿养育自己的后代。由此它们也成了游牧民族。之所以其他动物喜欢跟鸟儿在一起做同行者，也是因为借助鸟类的视觉可以非常快地发现来犯者的威胁，获得更加充足的反应时间。

牛背上的牛背鹭　　　　褐头牛鹂和美洲野牛

小学语文课本里有一篇课文，讲述了凶猛的非洲尼罗鳄和一种小鸟和睦相处的现象。这种小鸟可以帮鳄鱼清理牙缝里的食物残渣，既填饱了肚子，又缓解了鳄鱼的牙痛牙痒，因此被称作"牙签鸟"。牙签鸟跑去给鳄鱼剔牙？没错！这可是一对互

## 鸟类杂记

惠互利的好朋友！看到没有？鳄鱼露出了满足的笑容，而牙签鸟也兴高采烈地捡起了牙缝里的食物残渣，美滋滋地填饱了小肚肚。听起来好像是共生现象啊，但鸟儿可是机会主义者啊！它们喜欢趁着鳄鱼晒太阳休息的时候到其牙缝里淘食，完全不会顾及对方的感受。所以，牙签鸟一点都不比其他鸟儿特殊，只是机会主义者罢了。

牙签鸟在鳄鱼牙缝里觅食

据说，还有鸟和老鼠同在一个洞穴里，老鼠专门为鸟类打洞、作穴，而鸟儿则用自己的观察力和飞行技能给老鼠当哨兵。看来这两位真是互惠互利。古人把这种现象称为"鸟鼠同穴"，听起来就像是一幅和谐融洽的画卷。

可事实证明，大多数鸟儿占据的其实都是废弃的鼠洞，因为这样的巢穴对它们来说非常合适。而且，就算遭遇敌手，鸟儿的敏感性可不比老鼠差。退路也总是有的，重新找个地方建巢就好了。毕竟，在自然界，只有强者才能生存下去。

## 鸟儿和猫

最开始意识到这个问题来自五年前网上的一张照片，现在已经很难寻到了，但我有着极为深刻的印象：一只体形不大的野猫在啃食小鸟的身体，满嘴血腥，和平日里的乖巧模样大相径庭，让我不寒而栗。

事实上，猫捕食野生动物已经成为一个全球性的问题，相当于一场大型的"猫与老鼠"游戏，只不过变成了"猫与自然"。由于人们在养殖各类宠物猫的同时，也弃养了大量的猫，导致宠物猫变成了人类城市里的野猫，加重了这个问题。现在，全国的野猫数量起码是数以亿计，这么多野猫需要大量的食物，也让许多动物陷入了生存危机。

9000多年前第一批被驯养的家猫和现在的野猫并没有太多的不同。当时人们只是将它作为一个高效的捕食者来保护自身储存不多的食物，免受其他动物的侵害。到了现在，它们的这类专有技能基本上不被需要了，我们需要的只是陪伴。大量被人弃养的小猫成了流浪猫之后，其捕猎能力并没有丝毫弱化。它们既能够捕杀鸟类，哺乳类、两栖爬行类小型动物也是它们的盘中餐。根据国际自然保护联盟的定义，流浪猫是公认的、有红色警告的、最危险的入侵物种之一，流浪猫在世界范围内至少造成了63个种群灭绝。证据表明，户外猫是因人类影响导致鸟类死亡的头号因素。

户外的家猫（包括流浪猫、散养家猫）仅在中国每年就会杀死数以十亿计的小型脊椎动物。和其他物种只求填饱肚子不同，对猫而言，它们捕杀其他的物种已经超越了自身存在的需求。在猫咪的世界里，游戏也是非常重要的一部分。比如，一只猫咪在抓老鼠时，总能从中获取刺激和快感，并开始享受这场"打猎游戏"。而且，即使遇到老虎这样的大型猛兽，野猫们也能靠爬树躲过一劫。它们的足底有一个厚厚的肉垫，移动时只发出微弱的声音，可以快速、无声地攀爬到树梢上，所以猫咪们在猎杀鸟类方面有着得天独厚的优势。

它们在不经意间造成了一些生态灾难，不可否认多数是人类活动所导致的。比如说，1896年，一只名叫蒂布尔丝的小猫被她的主人带到一个与世隔绝的岛屿上，单凭它自己的本领，就把斯蒂芬斯岛鹩鹛都杀了个干净，导致这一珍贵物种濒临灭绝。到了1891年，麦夸里鹦鹉也被逐渐赶向了灭绝的深渊。而猫咪们和兔子、白鼬等外来物种则在岛屿上继续猖獗，对生态环境造成影响。2002年，澳大利亚人宣布麦夸里岛的所有猫都被消灭，但那些被猫吃光乃至绝种的鸟类，却再也回不来了。

针对这个问题已经有了一个很妙的解决方案了。那就是给猫咪戴上超级"时髦"的项圈。这种项圈里面包含了各种缤纷的颜色，不仅可以让猫咪们成为街头巷尾的"潮流担当"，还可以帮助鸟类发挥出超级强大的预警能力。据科学家们的测定，只要猫咪们戴上了这种特殊的项圈，"鸟安"指数就会飙升，小鸟可以提前察觉到猫咪的接近，并减少被捕食的概率。

想知道这种项圈的效果到底有多厉害吗？听我给你详细讲一下吧。在一个秋季里，没有戴"鸟安"项圈的猫咪会杀死的鸟类是戴项圈的猫咪杀死的 3.4 倍，戴了项圈的猫咪杀害鸟类的数量大幅降低了。第二年春天，测定结果更是惊人——在没有项圈的猫咪组里，杀死的鸟类数量相比戴了项圈的猫咪组多了将近 19 倍。虽然这种方法还存在不少争议，但毫无疑问，这是一个非常不错的解决方案。在不消灭野猫的前提下，为保护生物多样性提供了新的可能。

鸟类杂记

# 鸟类和学科

## 鸟类和物理

鸟类在天空中优雅自如地翱翔，但人类却始终无法起飞。

物理学家们通过研究鸟类飞行，发现了许多奇妙的现象，并验证了一些独特的理论。喷气式客机需要借助发动机的喷气推进，鸟类却不需要这些东西，它们只是通过上下拍动翅膀就能在空中飞翔。

那么问题来了，为什么鸟类垂直拍打翅膀就能朝前飞呢？物理学家们进行了一系列的研究和实验，并制作了一个简化版的扑翼实验装置，来解释这个奇妙的现象。他们验证了仅凭拍打翅膀就能产生朝前飞的效果。

这样的实验看起来似乎非常简单，但是对于物理学家来说，这一类简单的实验可以把自然现象转化为可供研究的物理模型，更好地帮助我们理解生物的飞行，提高航空器飞行的稳定性和操控性，在此基础上发展未来形态的飞行器。

物理学家帕里西一直拍摄鸟类轨迹的照片，并发现天空中的椋鸟们组成了巨大的飞行阵列，它们之间互相协调，可以完成很复杂的集体运动。令人惊讶的是，虽然鸟儿在飞行过程中可以快速地变换位置，却从不会相撞。这个现象让物理学家们感到非常惊讶和好奇。

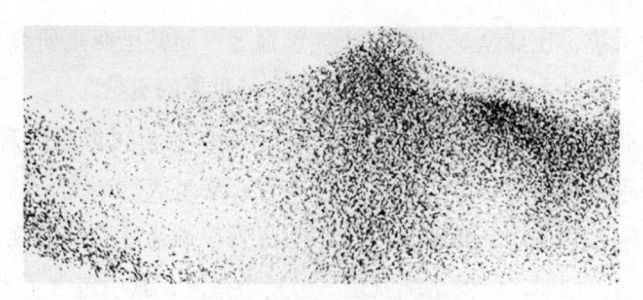

无数椋鸟组建的大集群

于是，科学家们开始研究这个现象，并进行了一项非常有意思的实验。他们在不同的角度放置了数架相机，同时拍摄了几千张椋鸟群的照片。然后，他们用相当长的时间构建出了三维图像，探索海量的鸟儿在空中如何瞬息变换位置，如何保证在运动中不会相撞。最终，他们从这个抽象的结论中获得了一些有趣的启示。科学家们还发现群体的边缘飞行距离通常更近，而在中间往往会分散。这个特征很可能和游隼有关，为了不被食物链上层的家伙吃掉，边缘的个体要彼此更靠近，防止落单，而中间的椋鸟已经被周围的同伴保护起来了，不需要贴那么近。物理学家帕里西用椋鸟的实验向各种生物学期刊投稿，不断被拒绝。但是，十几年后这位观鸟人的研究成果获得了诺贝尔物理学奖。

2021年，诺贝尔物理学奖被三个科学家，即一个气候学家、一个海洋学家和一个看鸟的物理学家帕里西一起获得。这是怎么回事呢？他们研究不同的领域，和物理学有什么关系呢？

据了解，这三位科学家得奖是因为他们在人类认知复杂系统方面作出了卓越贡献。说白了，就是他们研究了一些非常复杂的系统，比如全球变暖、天气预报等。而帕里西则研究鸟类飞行，在这个复杂系统的研究中作出了重要的贡献。

那么，"复杂系统"到底是什么呢？我们可以这样理解：复杂系统是指由很多不同的部分或者元素组成的系统，这些部分之间相互作用，整体表现出来的行为很难通过简单的规律进行描述。例如，气候系统就是一个复杂系统，其中包含了大气、水域、地面等很多不同的元素，它们之间的相互作用非常复杂，所以气象预报有难度。帕里西做过的研究不单单是看鸟。他都研究些什么呢？这说起来也是一件复杂的事情，他研究自旋玻璃、场论、弦理论、格点规范理论、混沌、冰川时代、神经网络、动物行为……虽然帕里西是一个物理学家，但他却非常擅长跨界。他不拘泥于自己的领域，而是喜欢在不同的领域中寻找和自己研究对象相关的现象，从而突破自身领域的限制，探索更为广阔的研究空间。他简直就像是一个足智多谋的探险家，一次次地开拓未知的领域。

我从学习植物到研究森林群落变化，再到鸟类观测，深深地感受到了大自然的神奇之处。它们之间存在着千丝万缕的联系，让人不禁感慨生命的奇妙。物理学家可能正是发现了突破点，才能在看似平凡的工作中发现自然界的规律。在自然界中，有太多我们无法想象的神奇现象和规律。但只要有好奇心和探索精神，就能够发现这些突破点，揭示自然界中存在的奥秘。所以说，鸟儿和物理研究之间的连接点，正是自然界的神奇之处。它们让我们发现，生命之间的联系和互动是如此微妙。但正是这种微妙的联系，让整个自然界成为一个共同体，让我们每一个人都能够在其中体验生命的奇妙和精彩。

## 鸟儿和化学

鸟儿在成长过程离不开各种各样的化学元素。氯、钠、磷、钾、锰、铁、铜、钴、镁、硫、硒、锌等元素都是它们成长过程中的必需品，这些元素的缺失或者过量，会让它们的体质变差，甚至导致养育出来的后代出现死亡的情况。

比如说硒，硒缺乏会让鸟儿食欲下降、毛发不长。所以，有一些聪明的小鸟会寻找一些植物材料，来补充这种特殊的元素。而锌的缺乏，则会让小鸟的成长变慢，身体也比较不稳定，总是容易跌跌撞撞。还有钙和磷，这两种元素可是鸟儿成长过程中不可或缺的东西。如果缺乏，小鸟的蛋壳就容易破裂，骨骼发育也会受到影响，引起软骨病和佝偻病。所以，你会发现小鸟们在破壳之后，第一时间就把蛋壳吃掉，其实就是为了补充一下钙磷元素。所有这些奇妙的现象都是通过家禽饲养和鸟类观测发现的。要是不仔细观察的话，会错过一些有趣的小细节。这只是自然环境下化学成分对于鸟儿的影响，更大的影响却是人类的生产活动引起的。

对于小鸟来说，最大的影响莫过于1939年瑞士化学家米勒发明的DDT（又叫滴滴涕、二二三，化学名为双对氯苯基三氯乙烷）了。它虽然能够控制病虫害，保护农林业的发展，甚至还能够让人体免受蚊虫的干扰，可是对于昆虫来说，DDT就像是一只巨大的恶魔。你知道为什么DDT对于高等动物的杀伤力非常小，对于昆虫却有强烈的杀伤力吗？那是因为DDT在昆虫体内堆积起来，导致它们神经系统出现问题，最终没命。而高等动物有比较完善的代谢系统，可以将DDT排出体外，所以DDT的杀伤力就没那么大了。

DDT很难被分解，所以它在生物链中只会越来越多，浓度也随之不断上升。于是，就会出现一个非常悲催的情况——食物链的顶端动物，比如说人类，吃下去的所有东西都可能有DDT残留，导致DDT的毒性远远超过我们的想象。

但是抛开剂量谈毒性是骗人的。其实，这个原理跟DDT的毒性远远超过我们的预计道理是一样的。如果说你需要吃一吨某种毒药才能真正感受到它的毒性，那么对你而言，这种药物几乎没有任何危害。但是如果你的饮食中摄入了越来越多的DDT，那它的毒性会不断堆积，最终导致严重的后果。

DDT不仅会影响人类，还会严重影响鸟类的繁殖过程。因为DDT含有的成分会导致鸟蛋壳变薄，孵化时容易破碎。很多食肉鸟类，尤其是喜欢吃鱼的鸟类，因为DDT的影响而濒临灭绝，这可不是当初人们想到的后果。越来越多的研究表明，DDT的影响可不止于人们曾经到过的农药喷洒地方。随着各种气流和洋流的循环，DDT被带到了世界各地，甚至南极企鹅的血液中和珠峰雪水中都检测到了DDT的存在。

全世界纷纷开始禁止DDT的生产和使用，目的是阻止生态灾难的继续发生。但意外后果是，非洲的疟疾死灰复燃。因为蚊子得不到有效的控制，于是疟疾开始大量传播，这可真是令人心痛。到了2006年，非洲重新允许使用DDT之后，疟疾发病率有了明显的下降。

  鸟儿在交流的时候，会释放出一些化学成分，这些成分通常产生于它们尾部的脂腺里面。这个腺体是鸟能够排出小分子成分的外泌腺，是鸟儿们相互沟通的必备工具。想象一下，鸟儿凭借超级强大的嗅觉能力察觉它们彼此释放出来的物质，达到互相识别的作用，顺利地完成繁衍后代的任务。这样看来，化学成分不仅在人类社会中发挥着巨大的作用，对于鸟儿来说，也是不可或缺的存在。

## 鸟类和医学

  翻开中国古代文献，你会惊奇地发现，鸟类入药的历史可以追溯到远古时代，最早记载于《山海经》中。这本充满传奇色彩的书记载了772种动物、植物、矿物，其中137种具有医用功能，占总数的18%，记录着人们对生命和健康的探索。

  在这137种中，鸟类占据了一定的比例，17种鸟被认为可以用来治疗疾病，它们的名字听起来可能有点荒诞，但我们仍然可以从中感受到当时人们的智慧。

  比如，有一种叫作肥遗鸟的鸟，小巧可爱，有着黄羽毛和红嘴巴。据说吃了它的肉可以治愈麻风病，并且还能清除身体内的寄生虫。

  还有一种名为数斯的鸟，外形类似于猫头鹰，它的肉据说可以治愈脖子上的赘瘤，也有人说它可以治愈癫痫。如果你有睡眠问题，那么可以试试吃鹠䳚的肉。

还有一些鸟听起来就像是童话故事中的角色，如鹌鹑一般大小的"栎"，它的肉可以治愈痔疮；白鹖的肉可以治疗咽喉疼痛和痴病；当扈的肉则可以明目。

谈到中国古籍中记载的鸟类药用价值，不能不提明代著名的药学家李时珍的巨著《本草纲目》。这部书中特别设置了禽部，记录了各种各样的鸟及它们的药用价值。水禽、原禽、林禽、山禽，每一部分都记载了不同种类的禽鸟。比如说，在第一卷的水禽类中，记录了23种水禽，每一种都有着其独特的用途；在第四十九卷的林禽类中，有17种鸟被认为具有特殊用途。

人们发掘出许多鸟的药用价值，其中一些已经被应用了几百年，一些则正在通过最新的研究不断被发掘和开发。我们养殖的鸡组成了各种各样的药用方案，在医家的医书里，鸡肉可以治疗各种虚弱症状，比如乏力、头晕等。一枚鸡蛋更是不可小觑，鸡蛋黄、鸡蛋清、鸡蛋壳都有着各自的妙用。鸡胗、鸡苦胆、鸡杂、鸡油也不是什么闲置品，它们都可以医治不同的疾病。比如说，鸡胗可以治疗呕吐反胃，鸡肝可以调理视物不清，而鸡皮可以用于烧疮面的植皮。鸽子也是非常实用的药用禽类。鸽肉可以解药毒，治疗恶疮、疥癣、白癜风等症状，鸽屎则可以和其他药物一起排除身体的脓液，白鸽屎还可以用来治疗蛔虫寄生。

燕窝，曾是皇宫里的特供。据说，最早吃燕窝的中国人是明代的航海家郑和。有一次，郑和的远洋船队在海上遇上大风暴，被迫停泊在荒岛上。因为长时间没有补给，船员们开始感到饥饿和身体的虚弱。幸运的是，他们发现了峭壁上的白色鸟窝，于是他们开始采摘、炖煮食用。几天后，船员们都神色焕发、精力充沛，使得在这种荒岛环境下大家能够坚持下去。当他们回到国内，郑和便把这种"燕窝"送往朝廷，成为一种非常重要的滋补品。不过，其实早在元代贾铭的《饮食须知》一书中，就已有关于燕窝的记载，这证明中国人食用燕窝的历史还要早。无论是从历史、从口感还是从营养方面来看，燕窝都是非常独特的。它富含胶质蛋白和营养元素，不仅可以滋润身体，还可以对抗衰老。现在，燕窝已经成为一种保健佳品，每年有不少人前往马来西亚等地采购。

## 鸟类和仿生学

在研究鸟类的过程中，我们不仅积累了大量有关鸟类的知识，还汲取了许多宝贵的灵感和启示。仿生学以此为基础，不断实践、认识和总结，从而领悟出一系列科学规律，并应用于各行各业。

自古以来，中国人制作各种精美的手工艺品，其中不乏以鸟类为灵感来源的木雕、风筝等。这些艺术品展现了中国人对于自然万物的热爱，也让人们眼前一亮，仿佛见到了鸟儿在天空中翱翔的美好画面。有些人试图模仿鸟类的飞行动作，他们在观察鸟类的飞翔时，想到利用鸟羽制作服装，借此变身成"鸟人"，在空中飞翔。

如果要说中国航空史上的第一人，那非鲁班莫属。他的手艺无人能出其右，据传，他曾经用精湛的技巧，将竹木做成了形似鹊的器物，竟然真的飞了起来，飞了整整三天三夜，才落在一棵树上。

在我国东汉时期，张衡对于飞行器进行了探索和研究。据说，张衡曾尝试制作了一只木鸟，并在其中设计了特殊的装置，让它能够飞行数里之遥。

意大利的达·芬奇也有着飞天梦想。他设计的一种飞行器，是依靠人力提供动力的航空器，同时具备了推进力和提升力。这样的设计，可以说非常接近人力飞机了。

无论是中国古代还是现代欧洲，都有着不少具有创新精神和冒险精神的巨匠，对于未来充满了勇气和期待。

人们观察鸟类的飞行，从中发现了飞行的秘密，并根据相关的原理，模仿鸟类盘旋，发明了滑翔机。到了后来，人们给滑翔机装上发动机，制造出了真正的飞机，人类得以自由地在天空中飞翔。飞翔不再仅仅只是梦想。

美国奥维尔·莱特兄弟自制了200多个不同的机翼，进行了上千次风洞实验，对制造的3架滑翔机进行了1000多次滑翔飞

美国奥维尔·莱特兄弟试飞的飞机

行，1903年12月17日后才试飞成功。从此之后，人类正式拥有了翱翔蓝天的超能力。

现代飞行器的外形设计很多都借鉴了鸟类生物体的构形。尽管人类设计的飞机从速度、高度和飞行距离等指标上已经远远超过了鸟类，但在能效方面，我们还远远落后。于是，科学家们开始以飞行模式最优异的鸟类为研究对象，来设计更加先进的飞机。

除了飞行之外，科学家利用对鸟类的研究破解了空气噪声的秘密。20世纪60年代，日本研发出新干线列车，速度可达每小时200千米，但是当列车穿过隧道时，会发出响如巨兽咆哮的噪声，让人胆战心惊。这种音响的产生是因为列车高速通过狭窄的隧道时，前端的空气被挤压成一堵墙，与隧道外面的空气相撞，引起了音爆。科学家们想方设法，寻找破解之法。他们发现翠鸟下水时，引起的水花异常微小，于是，专门研发了形状类似翠鸟喙的新型列车头。这样一来，经过改造后的火车头极大减小了噪声发生，同时行驶空气阻力也减少了，能耗还减少了20%。

秃鹰的眼睛是所有鸟类中最为敏锐的，比人类眼睛的敏锐度高出8倍。而且秃鹰的视野极为开阔，即使在2000米的高空，秃鹰也能轻松地发现地面上的小黄鼠。在经过多年的研究之后，科学家们模拟鹰眼，成功研制出具有超强视觉功能的电子设备——电子鹰眼。这一先进的设备不仅可以扩大飞行员的视野范围，提高视敏度，还可以大大提高地质勘探和海洋救援等工作的效率。

## 鸟类杂记

鸟类的仿生学研究已经不仅局限于空气动力学研究了，科技的进步带来了跨学科和跨行业的研究。例如，根据鸟巢的形态和结构，建筑设计师成功地建造了"鸟巢"体育馆。利用电磁物理学的研究，科学家们揭示了鸟类磁定向导航规律以及趋磁细菌的磁感应特性。科学家们还使用模拟软件来分析啄木鸟取食时头骨缓冲的原理，从中研究出更有效的装置来保护人类大脑。可以说，受鸟类特性的启发，我们不仅能够探索到更多的科技创新思路，还创造了更美好的未来。

猫头鹰的初级飞羽前缘呈现出锯齿形态，翅膀表面还有条纹结构，这些特别的结构让它们在飞行时完美地消声降噪，实现了无声飞行。人类的飞行器翼面就采用了微型锯齿和条纹结构，也可以做到类似的无声效果。

科学家、工程师、设计师等都不断地从自然界中汲取灵感，应用于各种领域。服装设计师从燕子中获取灵感设计了燕尾服，汽车设计师从鱼类的流线型中获取灵感来设计汽车外形，生物学家从蚂蚁的行为中获取灵感来设计智能机器人。可以说，自然界是一个宝库，只要我们注重观察和思考，就可以从中发现更多的奇妙之处，进而实现创新和进步。因此，人类应该珍惜大自然，保护生态环境，继续从自然界中汲取灵感，创造美好的未来。

## 鸟儿与文学

诗人巴勃罗·聂鲁达的那首《赏鸟颂》说，鸟儿"那比手指还小的喉咙如何能倾泻出这瀑布一般的歌声？"

据说，黄帝之史仓颉看见鸟兽蹄爪留下的印迹，意识到这些印迹可以用来区分不同动物，于是便开始模仿这些印迹，开启了汉字的创制之路。

历史上还出现过一种"鸟虫书"，这种字体在春秋中后期到战国时期的南方各诸侯国中流行。它的特点就是以鸟和虫的形态为基础构成字形，造型别致、生动有趣，至今仍被一些书法爱好者们所钟爱。

东汉书法名家蔡邕在《篆势》中说："字画之始，因于鸟迹。仓颉循圣，作则制文。"蔡邕又用鸟的飞行描绘篆体的势态，形容篆字的灵动优美，或"长翅短身"，或"扬波振激，鹰跱鸟震，延颈协翼，势似凌云"，或"若行若飞，跂跂翾翾"，这些描述展现出了汉字之美。

"关关雎鸠，在河之洲。窈窕淑女，君子好逑。"如果说《诗经·关雎》是中国诗歌的开篇之作，那么这句诗就是中国文学的起点。这首诗用"关关"两个字，描写出了雎鸠的声音，也可以说，中国文学就始于这一声动听的"关关"之鸣。

值得一提的是，《诗经》不仅以鸟鸣开篇，而且在整个诗集中，鸟类意象占据了相当大的篇幅。据统计，《诗经》305篇中有51篇涉及鸟类形象，其中包括38种鸟类。这些鸟被艺术化地表现出来，成为后世了解古代鸟类的一个重要窗口。

《论语·阳货》对《诗经》中名物的认识价值进行了经典概括："诗可以兴，可以观，可以群，可以怨。迩之事父，远之事君，多识于鸟兽草木之名。"《诗经》不仅在文学史上有着极高的地位，而且在动植物研究方面也是重要的史料来源。自晋代陆玑的《毛诗草木鸟兽虫鱼疏》以来，关于《诗经》名物的疏证与探究已成为《诗经》研究乃至中国古代动植物研究的重要任务。

## 鸟儿与音乐

据《吕氏春秋·古乐》记载，音乐起源于葛天氏时期，三人操牛尾，把投足之间的韵律化作了美妙的曲调，这就是八阕之音。这八阕指的是载民、玄鸟和遂草木等八种曲调，都是与自然息息相关的。再看黄帝，他命令伶伦制定十二音律的标准，而伶伦正是得到了凤凰的鸣叫声，才得以确定音律的基调。据说，凤凰的雄鸣有六个音，雌鸣也有六个音，这就成为十二音律的基础。

这些古书对音乐起源的描述，让我们不得不赞叹古人发现自然美的眼光。古代哲学家们还对音乐与动物的鸣叫声做了深刻的探究。《管子》认为，五音中的宫、商、角、徵、羽分别对应动物的鸣叫声。角音的清亮和鸡鸣声相似，听起来如同"雉登木以鸣，音疾以清"。这种说法不仅赋予音律更加具体和生动的形象，也为我们更好地理解自然之美提供了视角。

音乐从诞生之初，就与人们对自然的热爱和模仿不可分割。有趣的是，古人认为音乐在打动人的同时，也能够触动动物的感情。《韩非子》中就记载了晋平公的乐师旷鼓琴所引出的场景：一列列玄鹤展翅起舞，仿佛被音乐陶醉。在《盐铁论》中也有类似的场景，曾子优美悠扬的歌声让山间的鸟儿屏息静听，师旷鼓琴竟然让百兽率性起舞！

古籍中有不少类似的描述，表达了音乐和自然之间的紧密联系。每当华丽的音乐响起，吸引着凤凰前来。人们用美妙的乐曲去感化野马，使它们不再胡乱奔驰。一首好的乐曲可以超越人类，触动自然万物。

人们创作音乐的历程中，鸟儿是无数音乐家的灵感源泉。贝多芬的第六交响曲以夜莺和杜鹃的声音为主题，长笛颤音犹如夜莺啼鸣，双簧管仿佛尖啸的鹌鹑，单簧管则是坚定的杜鹃。维瓦尔第的《四季·春》用一个明亮而优美的鸟鸣声开场，整个乐曲就像一次春天的音乐之旅。圣桑的《动物狂欢节》中，各式各样的鸟在一个巨大的鸟笼里叽叽喳喳，弦乐演奏猛禽的高歌，长笛则模仿小鸟的歌声。连海顿的作品中都有对母鸡的描绘，他的第八十三交响曲称为"母鸡"，因为乐曲旋律中的附点节奏听起来就像母鸡的叫声。不仅如此，拉威尔的芭蕾舞曲《达芙妮与克罗埃》中，短笛和独奏小提琴的颤音模仿各种鸟类的叫声，让人仿佛置身大自然中。《异邦鸟》更是将世界各地48种不同的鸟鸣声进行组合，在乐章中形成一幅绚烂多彩的画卷。

国内也有一首与鸟儿有关的乐曲非常著名，那就是唢呐独奏曲《百鸟朝凤》。这首曲子是由唢呐演奏家任同祥先生所作，乐曲中唢呐扮演了非常重要的角色，巧妙地模仿了各种不同鸟儿的叫声，通过热情欢快的旋律与生动形象的百鸟和鸣之声，将大自然的勃勃生机展现得淋漓尽致。你可以想象一下，在春天的午后，漫步在茂密的树林中，耳边传来了鸟儿互相呼应的美妙歌声，仿佛是在跟你打招呼，展现着生命的活力。唢呐演奏家任同祥巧妙地将这样的场景融入了《百鸟朝凤》中，通过唢呐的婉转悠扬，再加上不同鸟儿的叫声，将整个乐曲变得非常生动有趣。

## 鸟儿和绘画

从原始社会的陶罐纹饰到唐代花鸟画，鸟儿绘画一路走来，越来越精美细腻。古代大师们的笔墨让我们看到了鸟儿千姿百态的生活场面，将我们带入了鸟儿的世界。

画面上，鸟儿们或飞或停，或捕食或欢唱，栩栩如生。有翠鸟停在枝头等待猎食，有白头鹎在枇杷树上啄食，还有北红尾鸲停在枝头欢唱。色彩艳丽的工笔花鸟画更是让人惊叹不已。画中，西湖边上鸳鸯嬉戏打闹，红嘴蓝鹊等待着美餐，每一幅作品都饱含着用心和灵性。同时，这些画作也透露出人们对鸟儿的深厚感情。

无论是原始社会陶罐上的白鹳，还是宋代花鸟画中的大山雀，都展现出了人们对于鸟儿的热爱。鸟儿的优雅、灵动，让人们从中体会了自然之美，也启迪了他们的艺术灵感。在这些

古代花鸟画中的丹顶鹤、芙蓉锦鸡

精美绝伦的作品里,我们仿佛可以找到一种心灵的寄托,感受到大自然的神秘和空灵。

古代中国的花鸟画不仅追求真实,还有着表达内在思想情感的作用。画家们注重识别花鸟,并以此展示自身的审美追求,同时也让观众感到大自然的魅力。而在国外,画家们采用了各种绘画材料,如水彩、油彩等,让鸟儿的形象逼真地呈现在画布上。在古罗马时期,庞贝城的壁画记录下一大群鸽子在碗边取食的场景,这些画作增加了复杂性和生动性,描绘出了更多鸟儿的形象和特征。

对于许多博物学家和画家来说,在摄影技术普及之前,鸟类也是他们钟爱和研究的对象之一。当然,无论是古代中国还是西方世界,鸟类画作都让人们更好地认识和了解大自然中的鸟儿们，同时也昭示着人与自然和谐相处的重要性。在这些剪影和颜色的交织中，我们看到了人们与鸟儿之间的交流和互动，也感受到了大自然的智慧。

画家弗朗索瓦·勒瓦扬、亚历山大·威尔逊和约翰·杰拉德·科尔曼斯可谓是鸟类插画界的佼佼者。他们运用精湛的手绘技巧，以极致的笔触记录下大自然中飞鸟的每一处细节。他们在博物学家和动物学家的著作中绘制了海量插图，许多珍稀濒危的物种都得以被准确地呈现出来。

弗朗索瓦·勒瓦扬是非洲鸟类学之父，看他的作品，就好像置身于非洲的原野中，感受到了那里充满生机和刺激的景象；亚历山大·威尔逊则是美国鸟类学之父，他的插图为人们呈现了丰富多彩的北美鸟类，具有一定的艺术价值；而约翰·杰拉德·科尔曼斯则是19世纪最出色的鸟类插画师，他的画作在当时就十分受欢迎，如今仍然是经典之作。

虽然随着摄影技术的发展，鸟类科学画的地位已经有所下降，但是《中国鸟类野外手册》还是选择了费嘉伦女士的插画来呈现各种鸟类。这些画作让我们感受到作者对大自然的热爱和敬畏，也让我们更好地欣赏到各种鸟儿的美丽与神秘。鸟类科学画虽然不如照片直观，但它的艺术性和表现力都深深地吸引着我们，让鸟儿们的形象更加栩栩如生，充满生命力。

## 鸟儿和舞蹈

自然界是艺术家们的灵感源泉，天空中自由翱翔的鸟儿更是带给了无数舞者们创作灵感。很多人即使不关注舞蹈，也能随口说出与鸟儿相关的舞蹈，如孔雀舞、《天鹅湖》等。

杨丽萍是著名的舞蹈艺术家，她的孔雀舞闻名遐迩。她通过观察孔雀的神态和动作，创作出了独舞《雀之灵》，在春晚舞台上献艺。在这支舞里，我们可以看到舞者们模仿孔雀"饮泉戏水""林中漫步""追逐嬉戏"的优雅动作，尽情展现孔雀的自信与华丽。

傣族传统的孔雀舞源于对原始森林中的动物的模仿，经过多年的发展与变化，成为当地广为人知、颇受欢迎的舞蹈之一。在节日和庆祝活动中，孔雀舞成为一道美丽的风景线。想象一下，当欢快的音乐响起时，姑娘们穿上绚丽的舞装，跳出优美的舞步，展示孔雀的华丽色彩和动感身姿，令人陶醉。

仙鹤是具有祥瑞象征意义的动物。在泾川县，有一支古老而传统的仙鹤舞。在这支舞蹈中，演员们扮成仙鹤，快速飞翔，优美行走，抖动羽毛。他们还会变换各种队形，灵动飘逸，令人眼前一亮。芭蕾舞剧《过年》中的《仙鹤舞》，演员们成功地展现了仙鹤优美的身姿，仿佛飞翔在空中的鸟儿。

哈尼族的棕扇舞，以持棕扇为主，将棕扇作为白鹇鸟的翅膀。演员们通过甩扇、绕扇、抖扇等动作，模仿白鹇在树林中寻觅食物、嬉戏玩耍、于天空飞翔的动作，舞姿优美，身姿灵动,让人忍不住陶醉其中。

芭蕾舞是一种优美华丽的舞蹈形式,其中有许多经典的作品。在这些作品中,以鸟儿为灵感来源的舞蹈深受人们喜爱。"白鸟和红鸟"成为芭蕾舞的代表作之一。其中,"白鸟"指的是经典之作《天鹅湖》,"红鸟"则是以火鸟为主题的作品。

火鸟虽然没有真实存在过,但是它成为芭蕾舞的代表形象。舞剧《火鸟》的剧本取材自传说故事,描述了一只不屈的火鸟的勇气和智慧。演员们通过独特的动作表达出火鸟的无畏精神和优雅身姿,整个舞剧充满了神秘色彩和浓郁的艺术氛围。

相比之下,《天鹅湖》则更加抒情和唯美。演员们展现了自己的高超技巧和舞蹈才华。他们大幅度地劈叉、小幅度地晃动和呼吸,灵活的身段和层次丰富的造型体现出芭蕾舞的艺术高度。优美的曲调和灵动的舞步相得益彰,构成了完美的舞曲。

舞蹈作为人类文化的一部分,自古以来备受人们的热爱。正史虽然记载舞蹈的内容不多,但众多文物却给我们提供了大量的信息。敦煌壁画中,我们常常可以发现各种优美的舞蹈形态。比如,有一种鸟身人首的乐伎造像,上半身为人,下半身为鸟,翅膀张开,身子苗条修长,头部则呈现出童子或菩萨的形象。这类形象在古代佛教传说中极为常见,在有文殊、普贤菩萨的壁画中尤其流行。

历史上流传下来的各种民间舞蹈也反映了自古以来人们对鸟儿的崇敬之情。在这些舞蹈中,人们通常会模仿鸟儿的飞翔姿态,来创作优美的舞蹈,体现了古人对生命的热爱。

# 附 录

## 五峙山拍鸟

爱上一个岛可能是为了一个人。爱上五峙山岛却是因为一只鸟。

五峙山岛每年都会有一份绝对令人羡慕的季节性工作：与鸟儿近距离接触，听海风看海浪，绝对算得上诗意满分。作为自然保护专业的一员，我也有幸体验了这样带有艰辛与挑战的一天、诗意与壮阔的一天。

六月的骄阳下，我们清晨就在码头等待管理船的到来。天空中的云朵似乎躲猫猫了，留下剧烈的太阳烘烤着我们。头上戴着双筒望远镜、肩上扛着长焦单反的我们早已是汗流浃背。30多分钟的乘风破浪，五峙山岛到了。

五峙山列岛又名鸟岛，由大五峙山、小五峙山、龙洞山、馒头山、鸦鹊山、无毛山和老鼠山7个岛屿组成。这里是全国三大鸟类保护区之一，也是浙江省唯一的省级海洋鸟类自然保护区，已被列入中国重要鸟区名单。据有关专家考证，每年到此停歇、栖息和繁殖的水鸟类有42种，12000余只。

远远看去，小岛们就像一个个放置在海上的盆景。我通过望远镜可以发现礁石上、树枝上、峭壁上都是密密麻麻鸟类的身影。被马达的轰鸣惊吓而起的鸟儿一波波腾空而起，黑压压的一片朝我们飞来。阵阵尖叫也伴随在耳边一刻不停。在纪录片里才有的画面就这样突然就呈现在我的面前,白色的飞鸟、黑色的礁石、绿色的树丛交织在一起,组成一幅花鸟画卷在我面前缓缓打开。从燕鸥的千鸟迎客到鸟粪的弹如雨下,从波光粼粼的水面到层出不穷的奇石,种种现象都是那样新鲜而奇特,令人耳目一新、叹为观止。

作为当天的鸟类观测者,我们从船上蹦到了岛上,手脚并用向上攀爬,到处都是鸟蛋和孵化出的雏鸟,必须注意再注意才能避免对它们的伤害。面对我们这些不速之客,燕鸥们在头顶盘旋,大声尖叫,还用自己的鸟粪作为炸弹反击。我们也早有准备,迷彩服和遮阳帽的全副武装没有给鸟儿留下一丝机会。

观测时间到了,我们在岛上的小木屋里开始观测记录隐藏在一大群大凤头燕鸥里的中华凤头燕鸥。这两者极为相像。中华凤头燕鸥飞翔时洁白的翅膀是它们最显眼的标志。中华凤头燕鸥到了繁殖季节,额头才会出现帅气的全黑色繁殖羽,要知道平时它的额头可是斑斑点点的半秃头。它可能用这种方式来庆贺自己的结婚仪式。

中华凤头燕鸥和其他的水鸟相比,算是资深吃货了。新鲜的各种鱼类才是它们的心头好,它从来都看不上别的鸟儿吃剩下的残羹冷炙。小黄鱼、黄鲫、石首鱼、龙头鱼、棱鳀、凤鲚都是它们的菜。它们从空中横掠过,从 10 米左右的高度一头扎向水中,几秒钟后就会叼着各种各样的鱼儿破水而出,跃然而起。只要你在现场看到过那种从天而降的捕食场面,永远都不会忘怀。刚出生的小可爱就幸福多了,父母换班轮流,24 小时贴身照顾，呆萌的样子十分讨喜。这部全 3D 无导演的自然纪录片，我相信看完的人都会有一种从内而外的净化与洗涤，美到每一帧画面都不想错过。这么多可爱的生灵，谁又会舍得去伤害它们？

这就是生命的张力，你的心有多坚韧，生命就有多坚韧，生命中会欢笑也会悲伤，有脆弱也有壮美，重要的是你用什么心态去面对。在骄阳下，在海风里，燕鸥们就这样毅然决然地向海疆飞行。我的单反相机早就开启了高速连拍模式，一刻不停地记录这壮观的场面，机枪似的快门声一直响着，直到把卡拍满，再塞进另一块电池和另一张卡继续。密集的鸟叫一直提醒我们，不要过度沉浸在这座海外蓬莱，在这里工作完毕，人世间还有不少鸟儿等待着我们去守护。

## 蒙面群舞的黑脸琵鹭

浙江舟山小干岛是一块狭长的湿地，东西北三面围海工程将滩涂区和海水进行了部分隔离，形成了较大面积的潮间带，有大群的水鸟在此越冬。浅水区域的黑脸琵鹭和白琵鹭组成的联合分队最为耀眼。两种琵鹭全身羽毛洁白，喙和脚黑色，唯一的区别是黑脸琵鹭前额、眼周的裸皮也是黑色，形成鲜明的"黑脸"。喙的端部扁扁圆圆的，整个喙看起来和乐器琵琶非常像，因此称为"琵鹭"。这种极有特色的喙上有很多触觉细胞，黑脸琵鹭依赖于它们来寻找食物。这种鸟在觅食时，就像一个戴着面具的舞者，在水中跳着探戈一样舞动着。它的头缓慢左右摆动,仿佛一位醉汉,又像在水中探雷,一遍遍地来回寻找美味。

黑脸琵鹭一旦捕捉到了水底层的鱼、虾、蟹、软体动物和水生昆虫等"美味",就用长长的喙将其拖出水面。它优美而熟练地一弯腰、一弓背、一甩头,就像一位运动员在足球场上一样灵活。然后,黑脸琵鹭会轻松地把食物吞入腹中。

在休息时,黑脸琵鹭会蜷缩在芦苇荡里,宛如一件精美的雕塑。而当它在觅食时,却展现出了无限的优雅和灵动。每一举步、每一伸脖、每一摆尾、每一转眼、每一低头,乃至每一轻舞的黑爪,都充满了自信和美丽。黑脸琵鹭的生活和动作是如此优美,令人心驰神往。

2019年开始,黑脸琵鹭每年都会将这里作为越冬地,在11月准时报到。到了第二年的4月,开始向北迁徙,飞向繁殖地。黑脸琵鹭在朝鲜、韩国沿海以及我国辽宁省部分偏远湿地繁殖。每年4月,它们会换上自己极具特色的结婚礼服——金黄色羽冠和黄色颈环,从越冬地飞回到繁殖地。一夫一妻是它们的标准组合,一旦结为夫妇,它们就会在4月末和5月初交配产卵。一个月的工夫,幼鸟就可以离巢活动。到了8月下旬,黑脸琵鹭一大家子就离开了繁殖地,向南寻找自己的越冬地。中国的浙江、福建、台湾和广东都有它们稳定的越冬记录,越冬地通常视野开阔,水面较浅,食物丰富,就近有隐蔽点。

黑脸琵鹭所属的琵鹭亚科共有六种琵鹭,黑脸琵鹭是唯一的濒危物种。在2021年2月调整的《国家重点保护野生动物名录》中,黑脸琵鹭从国家二级保护野生动物升级为国家一级保护野生动物。虽然近年来湿地保护与修复的力度不断加强，生态环境得到明显的改善，但2022年全球黑脸琵鹭数量刚刚超出5000只，它们的未来还需要我们共同保护与关注。

## 神话之鸟的回归——中华凤头燕鸥

在东海与世隔绝的舟山海岛上，几只中华凤头燕鸥和一大群大凤头燕鸥混群生活。它们的外形非常相似，都有黑色的羽冠、灰白的身体、黄色的喙，区别在于中华凤头燕鸥喙端有黑色，而大凤头燕鸥完全是黄色。

中华凤头燕鸥1861年才在印度尼西亚被第一次记录到，但是1937年以后它仿佛从这个世界上消失了，以致科学家一度认为这种鸟已经灭绝了。所幸的是在63年之后的2000年，4对中华凤头燕鸥再次在台湾的妈祖列岛被科学家们发现。又过了4年，2004年在浙江宁波的九山列岛也发现了它们的身影，这一次数量达到了20只。但海岛上的气候太恶劣了，台风摧毁了中华凤头燕鸥的巢，科学家们努力挽救，但是繁殖还是失败了。在科学家们多年的努力下，2013年开始，中华凤头燕鸥终于可以在浙江舟山的五峙山列岛稳定繁殖成功了，成年个体也逐渐增加。到2020年，中华凤头燕鸥的繁殖个体数量已经超过30只，算上幼鸟的亚成鸟的数量已经超过100只。因为中华凤头燕鸥的失而复得，中华凤头燕鸥也被称为"神话之鸟"。

与其他的水鸟不同的是，它们的爱心小巢并不是用各种草、树枝、羽毛搭建起来的，而是建在石头片上，所以保护区的工作人员在它们繁殖的小岛上铺设了成片的碎石子,欢迎它们的到来。每年的9月之后中华凤头燕鸥和大凤头燕鸥就会一起南下迁徙。几千米的飞行,一路横越山海前往东南亚度过冬天。次年4月再回到福建、浙江等地繁殖。舟山海岛的繁殖也只是它们生活里的一部分。在6到8月这段时间里,它们会生育一个小宝宝,要是繁殖失败的话,可能会进行二次繁殖。28天的孵卵期后,毛茸茸的银白色雏鸟就会来到这个世界。它的第一餐往往就是自己的蛋壳,可以用于补充钙质,后面就要等待父母的喂养了。一旦小宝宝成功出壳,中华凤头燕鸥就开始不断起飞、降落,把海中的各类小鱼叼回巢,喂给雏鸟。雏鸟在亲鸟的带领下开始学习行走、跳跃、飞行。到9月份,雏鸟逐渐长大,羽翼逐渐丰满,跟着亲鸟开始新的一轮迁徙。

## 比麻雀更常见的白头鹎

清明时节,那醉人的绿意中,鸟儿们的歌声越来越频繁了。每个早晨,你只要身处枝头郁郁葱葱的绿树附近,便会被欢快的鸟鸣所吵醒。其中最常见的就是白头鹎了。

白头鹎是浙江本地的留鸟,与候鸟不同,它们无须迁徙,我们一年四季都可以看到它们的身影。在浙江的许多居民小区里,白头鹎的数量几乎比麻雀还要多。尤其在春天,它们歌声清脆悦耳,表情生动,仿佛一位慷慨激昂的歌唱家,为我们奉献着一首首动听的歌曲。白头鹎的歌声多种多样,从简单的鸟啼到细致的鸣唱,每只鹎都有各自的风格和味道。听着白头鹎的歌声，让人仿佛置身于一个美好的世界里，充满了诗意和艺术的感觉。白头鹎们会停在枝头，用最高亢的声音诠释着它们的内心世界，仿佛在为爱情呐喊，为春天欢呼。这场求偶秀不仅是它们展示自己靓丽外表的舞台，更是它们散发魅力的璀璨时刻。就算你听过无数歌声，也一定会被白头鹎的欢快与动人所感染，陶醉在这美妙的音乐里无法自拔。

白头鹎长度17~22厘米，额至头顶纯黑色而富有光泽，两眼上方至后枕白色，形成一白色枕环。耳羽后部有一白斑，背和腰羽大部为灰绿色，翼和尾部稍带黄绿色，颏、喉部白色，胸灰褐色，形成不明显的宽阔胸带，腹部白色或灰白色，杂以黄绿色条纹，上体褐灰或橄榄灰色、黄绿色羽缘，使上体形成不明显的暗色纵纹。

白头鹎在幼鸟时期并没有"白头"，头顶羽毛是黑色的。但随着年龄增长，它们渐渐会变得高颜值，羽毛上的黑色区域逐渐退散，为一片雪白所取代，直到枕部的羽毛全部变成了纯白色。这就像人类的头发一样，从黑发变成白发，白头鹎也经历了一个美丽的转变。在繁殖季节，白头鹎的头部白色羽毛会比其他季节更多，"白头"或许就是白头鹎用来吸引异性的装饰品。千万别小看这些头上的"白云"，它们可是白头鹎们交际、繁衍后代的关键标志呢。

所以白头鹎俗称白头翁，明代诗人王绂在《花上白头翁》中写道："欲诉芳心未肯休，不知春色去难留。东君亦是无情物，莫向花间怨白头。"古人认为白头鹎是无畏的精神和忠贞爱情的象征。

## 鸟类杂记

白头鹎是城市中相当常见的鸟类，目前在浙江的"保有量"甚至超过了人们熟识的麻雀，这和它超强的适应能力是有关的。它习惯了钢筋水泥丛林里的生活，一小片绿色就可以作为它们的临时栖息地。如此强大的适应力让它变成了城市里强势的鸟种之一。

白头鹎体长稍长于麻雀，主要活动于低山丘陵和平原地区，喜欢栖息在林地、灌丛、草地、果园、农田和村庄里。

白头鹎从"农村人"变成了"城市人"。随着城市化进程的加快与动物自然栖息地面积的减少，白头鹎采取了"由农村包围城市"的生存对策，越来越多的白头鹎放弃农村的生活，逐步进入城区，凭借着自身超强的适应力，并由常见种转为优势种，成为与人类关系密切的城市鸟类之一。居民小区、校园、公园，到处都有它们活跃的身影，其清脆嘹亮的歌声也时常环绕我们耳旁，为人类的生活增添了乐趣。

到了繁殖季节，每一对白头鹎都会建立起它们的家庭。房子就是刚需了。它们的巢一般也不大。一窝产卵3~4枚，孵化期14天左右，由雌雄鸟共同养育幼鸟。虽然它使用巢穴的时间并不长，但看到过白头鹎造的巢就会对它就地取材的能力叹为观止。在城市里，它就地取材造房子，把人类废弃的垃圾拿来作为房子的材料。塑料片、尼龙绳、锡纸等非天然巢材被它架在了巢穴的外围，作为遮风挡雨的墙面材料。

食物对于鸟类而言是决定它能否适应所在环境的最重要的因素。白头鹎之所以适应性这么强，和它的食谱有着必然的联系。白头鹎食性非常杂，通过鸟友拍摄的照片可以发现它喜欢吃的东西是伴随着季节的变化而改变的。在春夏季节，植物的嫩芽、新叶、鲜花和较小的昆虫都是它的盘中餐。到了秋季，食物的情况改变了，硕果累累的枝头成了它们的餐桌。到了冬季，如果果实不够，它们也会到人类的垃圾桶旁丢弃的垃圾袋的缝隙里寻找食物的碎屑。当然了，人们没吃完的废弃水果是它们最喜欢的食物。我就曾经看到过有一只白头鹎在地上津津有味地啃剩下一大半的苹果整整10分钟，而我就在边上拿着相机对着它拍了10分钟。我既拍了照片，也拍了视频，直到最后它看到了我实在不好意思了，当然也吃得差不多了，就翅膀一挥飞走了。同时它之所以跟其他鸟类竞争不大，是因为它跟其他鸟类的取食区域存在差别，例如常见的麻雀、喜鹊、乌鸫、八哥更倾向于在灌木丛和地面取食。取食地域存在差异性，因此在食物空间的抢夺上竞争也少。因此它和城市里的其他优势种之间可以相互共存，共同发展。

白头鹎曾被视为世界动物地理分区中属于东洋界的鸟类，主要分布于我国长江流域以南的广大地区。近几十年来，它们在中国的分布越来越广泛，从南向北迅速挺进。根据记载，向东北已至辽宁省的沈阳，向西北已至青海省的西宁市。分布区扩大，显然对动物物种的繁衍及种群的增长有积极意义。其实，这种扩张也是动物对已有空间资源短缺的适应。与野生动物的城市化一样，都是对栖息地选择压力的积极响应。气候因素，如全球气候的变暖也许也是动物发生北扩的原因之一。白头鹎北进更多的原因是它超强的适应性。

鸟类杂记

## 学舌王者——八哥

有个成语叫鹦鹉学舌,而事实上除了鹦鹉,会学人话的鸟儿不少,八哥就是其中的佼佼者。八哥在古代还有一个非常有趣的别称——鸲鹆。

自古以来,八哥这种鸟就是以巧嘴学舌闻名。它们是王孙公子、达官贵人、地主老财的笼中之物。在电视剧里有这样的画面:一只鹦鹉或是八哥在笼子里学舌,会来上一句"恭喜发财"。

在不少古代人的笔记里就有养八哥的相关记载。《燕京杂记》记载:"京师人多养雀,街上闲行者有臂鹰者,有笼百舌者,又有持小竿系一小鸟者,游手无事,出入必携。每一茶坊,定有数竿插于栏外,其鸟有值数十金者。"南朝刘义庆《幽明录》中,已经有养八哥教其说话的故事了。把经过训练的"笼媒"鸟置于笼中,用它的叫声把同类引来加以抓捕,这办法在唐以前就有了。不过,要说清代北京人玩鸟玩到了极致,这一点大概是不会错的。

清乾隆年间,在八旗子弟和官宦子弟中渐次形成玩物之风。架笼遛鸟的大有人在,鸟的种类众多,可玩之鸟却非常少,不外乎驯化威猛的苍鹰,羽毛艳丽、善学人语的鹦鹉,能模仿其他鸟语和简单人语的八哥。当时有个歇后语:武大郎养夜猫子——什么人玩什么鸟。养什么鸟、提溜着什么样的鸟笼子,常常是一个人身份、脾气和品位的象征。

八哥为什么会学说话呢？八哥会学说话的实际情况是怎么样的呢？八哥既能够学人说话，也能够学习其他鸟类的叫声。八哥学习语言的能力和刚上小学的儿童水平差不多，但是要让它们学会人话，还要费一番功夫，必须挑选幼鸟，从小培养起来，一句一句不断重复。八哥并不是真的会说话，其实是单纯模仿而已。就像野外的八哥会模仿其他鸟儿的叫声一样，八哥对人的语言也仅仅是模仿，因此不管是普通话还是各种方言，就连各种外文，都能学得有模有样。而且八哥学说话非常诚实，基本是教一句会一句，不会画蛇添足。

　　可能有小朋友要问，为什么叫八哥，而不是六哥、七哥呢？实际情况就是八哥的全身羽毛都是黑色的，只有两侧翅膀的下面和尾尖是白色，而在展翅飞翔的时候，一眼望过去，和汉字里的八字很像。至于那个"哥"字是因为它鼻毛上有一撮帅气的小胡子，算得上是鸟类里面的公子哥了。

　　它们喜欢住哪儿呢？八哥选房子有两派，一派是喜欢把自己的房子搬进树洞里，而另外一派就是把这房子盖在大树的顶端，盖露天的巢。据说这两种八哥习性还有点不一样。

　　那八哥吃什么？和啄木鸟差不多，八哥吃虫子，你只要看它弯弯的尖嘴就可以想象一下八哥的嘴伸进虫孔里把虫子掏出来的场景，同时尖尖的嘴巴也非常适合把虫子紧紧勾出来吃掉。在冬天没有虫子可吃的时候，它只能吃一些樟树和冬青的种子，味道不好，果肉非常薄，但正是由于八哥的食用，种子伴随着它的排泄物传播到了其他地方。当然了，各类谷物和人类吃剩的食物残渣都是它们的食物，它们可不挑食。

鸟类杂记

在华南和华北,一团黑色的鸟儿最常见的就两种,一种是八哥,还有一种就是乌鸫。对八哥不熟悉的人经常会把它和乌鸫相混淆,这也难怪,这两个家伙都穿一身黑大褂,还特别喜欢在一起玩,难道这个就是"同色相吸",或者叫"物以类聚"?

一个小八哥,两翼黑白色。不知谁是我,但见应和歌。每年来来去去的候鸟,最多只能算是临时户,而八哥、麻雀、喜鹊、乌鸫这些常住在城里的鸟儿,才是和我们一起共同享有这片天空的常住"市民"。

## 不是所有的大雁都叫大雁——豆雁

大雁是雁属鸟类的通称,共同特点是体形较大,喙的基部较高,长度和头部的长度几乎相等,上颌的边缘有强大的齿突,上颌硬角质鞘强大,占了上颌的全部。额部无肉瘤,呈流线型。颈部较粗短,翅膀长而尖,尾羽一般为16~18枚。体羽大多为褐色、灰色或白色。

全世界共有9种大雁,我国就占7种。舟山目前发现的大雁有鸿雁、豆雁、灰雁。这里主要讲一下豆雁。豆雁为一夫一妻制,雌雄共同参与雏鸟的养育。

豆雁大小和形状似家鹅。飞行时双翼拍打用力,振翅频率高。脖子较长。腿位于身体的中心支点,行走自如。有扁平的喙,边缘锯齿状,有助于过滤食物。上体灰褐色或棕褐色,下体污白色,嘴黑褐色带橘黄色斑。

豆雁主要以植物性食物为食。繁殖季节主要吃苔藓、地衣、植物嫩芽、嫩叶、芦苇，也吃植物果实与种子和少量动物性食物。迁徙和越冬季节，它们主要以谷物种子、豆类、叶和少量软体动物为食，觅食多在陆地上，也有在海边以海滨湿地内的植物为食的。豆雁在中国是冬候鸟，未发现在中国繁殖的报告。

我们在舟山看到的这些豆雁其实非常不容易，因为豆雁们真是一群勇士。它们每年都会进行一次"奇迹般"的穿越，从家乡西伯利亚开始，飞越整整 5000 千米，来到祖国大地的温暖怀抱——舟山。在这里，它们可以尽情享受美食、温暖的阳光和宜人的气候，度过一个舒适而惬意的冬季。等到万物复苏的春天来临，它们又重新展翅高飞，飞越 5000 千米，在西伯利亚的大草原上繁衍后代，延续生命的意义。

豆雁很多年前曾面临过存活危机，因此受到了世界自然保护联盟（IUCN）的关注，并于 2012 年被列为濒危物种红色名录的低危级别。幸运的是，随着人类环保意识的提高，豆雁的数量得到了稳定增长，目前豆雁在中国广泛分布，数量庞大，种群数量稳定，因此被评为无生存危机的物种。豆雁被列入了国家林业局发布的重要保护动物名录，并在浙江省被视为省重点保护动物。

## 三栖绅士——黑水鸡

在华东地区的河道，你时常能看到一只或三两只胖墩墩的黑色水鸟游来游去，或是在河边的水草上低头寻觅美食。这种羽毛浓黑、体形敦实的家伙与普通的野鸭子长得十分相似，所

鸟类杂记

以那些参加过观鸟活动的小朋友们会兴奋地拍手叫好:"哇,太神奇了!那只黑色的野鸭子游泳好快啊!"但是,这个黑色的河中精灵可不是普通的鸭子,它名叫"黑水鸡"。让人有点不可思议,鸡居然还能在水中畅游?实际上,黑水鸡是一种擅长潜水捕食的鸟类,而且,它们不仅仅会游泳,还会在水下飞行。

黑水鸡属于秧鸡科中型涉禽,其中既有身材苗条的瘦子,也有吃得圆滚滚的胖子。黑水鸡虽然名字里有个"黑"字,但并不似乌鸦一般全身黑。它还有个别名叫"红骨顶",那是因为它的嘴角及角间有一抹非常亮眼的红色。你注意到它红色嘴唇时,也一定会关注它黄色的嘴尖。它虽然看起来穿着一身黑漆漆的大衣,但也有各种黄红配色。如果你见过它在水草上踱步前行,就会它发现它穿着艳丽的黄绿色长靴,长靴的端口还镶满了一道黄色的边条。如果在阳光下仔细观察,会发现它的大衣并不是纯黑的,还带了一点棕褐色,黑里还发蓝。大衣还是时尚的黑白配,两胁各有一道白纹,尾巴上还有一块白色的斑点。

黑水鸡会在路上跑,会水里游,会空中飞,属于三栖明星。黑水鸡的缺点就是在路上跑不快,在水里也游不快,和其他水鸟有一定差距,空中飞行的速度那就更别说了,要在水里助跑十几步,才能勉强飞上一段不长的距离。这些缺点并不妨碍它在路上悠闲地散步,在水里慢悠悠寻觅食物。它飞在空中的时候就比较惨了,往往是被人或者动物惊吓到,努力煽动起有些笨拙的翅膀,低低地在水面上扑腾着滑行,到了它认为安全的区域,才又开始慢慢悠悠地游动起来。

黑水鸡和丹顶鹤这样的鹤科大咖同属鹤形目。对比了一下鸡形目和鹤形目各位家庭成员的肖像，黑水鸡和丹顶鹤攀上亲戚也不无道理。它们与鹤一样有着嘴长、颈长、腿长的特性，尤其是从膝盖到脚跟比较修长，亭亭玉立，很有鹤的风范。

黑水鸡在觅食的时候，喜欢在水岸边一边走，一边四处张望，寻找自己可口的食物。黑水鸡的脚趾特别细长，借助一根非常细的树枝，就可以在上面表演走钢丝、芭蕾舞等杂技，神气活现。我一度认为它开了挂。

黑水鸡会采取隐匿的策略来避免危险。其生存需求十分简单，只需要在一片很小的水域里，有充足的植物，它就能生存得很好。黑水鸡能敏锐地察

黑水鸡

觉到潜在的威胁，只要感到危险，就会快速钻进草丛，脱离对方的视线。如果情况危急，它们会扇动翅膀在水面滑行一段距离，尽快躲进秘密的茅草丛，使对方难以发现。

在城市里，黑水鸡的生存环境相对安全。不过，仍有两个威胁：猛禽和野猫。野猫的威胁更为严重。我曾经目睹过一次野猫偷袭黑水鸡的场景，十分惊险刺激。由于野猫身形小巧、轻盈迅捷，所以只需要一个扑击就能轻松捕获对手，而那些动作笨拙的黑水鸡很难逃脱。红隼通常会定期出现在河滨寻觅美食，但是，黑水鸡也并非容易对付，它们知道自己该躲在哪些

地方，以躲避空中高手的攻击。

## 小燕子的"十万个为什么"

"东风送暖柳丝长，燕子衔泥筑旧梁。"为什么燕子喜欢在人类的屋檐下筑巢？这与燕子窝的形状有密不可分的关系。燕子窝主要由泥巴和甘草构成，而燕子的唾液则起到了黏合剂的作用。在窝底部，燕子会放上柔软的干草、各种羽毛以及捡来的布条等物作为垫料。

为什么燕子不吃植物而选择捕食昆虫呢？燕子喜欢吃各种昆虫，这对于农民来说也是一件好事，因为燕子可以帮助控制农作物的虫害。相比于植物，昆虫更难以捕获，因此燕子需要更多体能和捕食技巧。此外，与相同重量的植物相比，同等重量的昆虫能够提供更多的能量。

燕子的身体结构有什么特殊性？燕子的身体结构与其捕食昆虫的方式密切相关。燕子身体长而细，尾巴成剪刀形状，这些都有利于它们在空中快速调整姿态。此外，燕子的嘴巴结构独特，张开时像一个小型捕虫网，这也有助于它们在空中捕捉昆虫。如果在地面上寻找植物果实，这种嘴巴结构就很不方便。

小燕子从我们这里飞走后去了哪里呢？我们已经习惯了它们每年按时南迁北归，那你知道它们从哪里来，到哪里去吗？生活在我国的燕子每年冬季会飞往东南亚和澳大利亚等地区度过寒冬。这是由于它们需要寻找新的食物来源地。在数千公里的迁徙过程中，燕子可能会遭受暴风雨袭击，导致体温流失、体力透支，或因找不到充足的食物而失去生命。食物是影响燕子生活地点的重要因素。

燕子的迁徙过程也与其捕食昆虫的方式密切相关。燕子在空中捕捉昆虫，需要灵敏的身体、锐利的嘴巴和精准的视觉，迁徙也让它们能够在更多地方寻找昆虫作为食物来源。

## 守株待兔的苍鹭

台风一过，有记者发来一段视频，询问视频中的鸟儿是什么种类。视频里在办公椅上扑腾着翅膀乱飞的鸟儿名叫苍鹭。在我国水岸边通常可以发现有一种静静站在水边安然不动的灰色大鸟，犹如一个安然入定的老僧。直到其飞下枝头，它尖锐的喙快速插入水中，将鱼儿撩起，一切又归于平静，它或是回归原处，或是展翅飞向下一个地点，这鸟就是苍鹭。

这是在非洲大陆和欧亚大陆极为常见的大型水鸟，在长江以南是冬候鸟，在北方就是夏候鸟了。苍鹭体形可不小，身高可达 1 米，两个翅膀展开，宽度接近两米，是名副其实的大家伙。它也非常好认，上半身呈灰色，颈中央有黑色纵纹，喙橘黄色，到了繁殖季节，头顶还会长出一根长长的飘逸羽毛作为装饰，随风飘逸，神采飞扬，以此来引起彼此的注意。

苍鹭之所以选择这种守株待兔的捕食方式，也是自然选择的结果。因为野生动物在捕捉食物的时候需要时时刻刻计算捕食花费的能量成本和它自身获得的能量收益，要是捕食消耗了大量能量，获得的能量却非常少，它会深深陷入生存危机之中。

苍鹭由于体形巨大，在进化中就学会了这种特别节省能量的捕食方式，就是我们看到的守株待兔式捕食，它长时间地站在浅水中，保持不动。各种鱼儿会因为偶然原因或是被阳光下苍鹭身体形成的阴影所吸引而游到苍鹭身边。苍鹭等的就是这个机会，它尖锐的喙以迅雷不及掩耳之势扎入水中，捉住鱼儿，将鱼儿拖出水面，吞入腹中。在接下来的时间里，它又会将自己长长的S形脖子蜷缩起来，重新站回水中，等着下一条鱼儿前来。快速捕食的高收益加上等待不动的低支出，使得它们日常的能量消耗极少，不用频繁地捕猎就能满足日常的生活所需。节省能量的觅食策略正是苍鹭面对大自然的无情挑战时取得胜利的法宝，它们是当之无愧的"守株待兔"的行家。

水面上游过的䴙䴘幼鸟、黑水鸡幼鸟也是苍鹭的盘中餐。我看到的捕食画面是这样的：等待的苍鹭感受到了水面上食物的靠近，慢慢抬起脖子，随后迅速往水中跑去，一下就抓住了这只路过的幼鸟，幼鸟不停地拍打着翅膀，但它的动作并没有对苍鹭产生丝毫的影响，幼鸟迫切想回到水中，朝着水面用力扑，苍鹭一次次将食物放到水中，又一次次挑起。莫非它是要将小鸟放到水中淹死，然后再进食？幼鸟用尽全身的力气晃动双脚，情况还是没有任何变化，脖子都快被苍鹭夹断了，它也不反抗了，似乎知道自己已经难逃厄运。苍鹭这才开始进食，慢慢将幼鸟往喉咙里送，可是幼鸟体形有些大，实在是让它有些吃力。苍鹭寻思了一会，食物都快从嘴里掉出来了，它重新调整姿势，整个吞了进去。然而这只幼鸟并不认命，倔强地停在苍鹭的脖子里，愣是将苍鹭的脖子变成了七字形。苍鹭也跟食物杠上了，喝了几口水努力吞咽。我隔着望远镜都能感受到苍鹭的用力，它不停地动着脖子，终于将食物吞咽了下去。苍鹭在捕食猎物时都是采用这种方式吞咽，即使对方的体形比自己的脖子大上几圈，它们也依旧不会放弃，一口吞下。对于体长跟它脖子相同的小鳄鱼，它的战术依然不变，找准了方位和时机，耐心等待小鳄鱼游过，以迅雷不及掩耳之势将其拖出水面一口吞掉。除了这些，昆虫、两栖动物、蛇等爬行类动物甚至鼩鼱等哺乳动物都是它们的捕食对象。

守株待兔虽然是一个很好的捕食策略，但也会面临各种各样的竞争对手。例如，在苍鹭将鱼儿从水中捞起的瞬间，可能会有其他高手采取虎口夺食的方式进行抢夺，有些被网友记录在视频上的情况用语言难以描述那份精彩。尽管经历这样的斗争，苍鹭往往还是能最终获得胜利，并把败北者赶出战场。

因为苍鹭能够静静地守在岸边等待食物，所以它们被赋予了"长脖老等"的称号。然而，苍鹭之所以如此成功，不仅是因为这种守候方式能够让它们节省能量、节约时间，更重要的是，它们拥有广泛的食性和适应性强的觅食策略，因此在面对自然环境的挑战时表现优异。

## 打洞工程师——普通翠鸟

在鸟类世界里有这样一位善于打洞的工程师，就是普通翠鸟。普通翠鸟属于中型水鸟，自额至枕蓝黑色，密杂以翠蓝横斑，背部翠蓝色，腹部栗棕色。头顶有浅色横斑，嘴和脚都是赤红色，从远处看很像啄木鸟。它背部和面部的羽毛翠蓝发亮，因而通称翠鸟。我们最常见的是普通翠鸟。普通翠鸟在欧亚大陆和北非都有分布，在我国的各省也均有分布，尽管普通翠鸟外表艳丽，但依然用"普通"冠名。也许是因为适应性强，普通翠鸟既可以居住在人迹罕至的林间溪流，还能在人类活动频繁的水库、水塘、水田边、城市湿地公园里安家落户。

除了繁殖季节，翠鸟是独来独往的飞侠。它们对生态环境特别挑剔，喜栖息在有灌丛或疏林、清澈而缓流的河溪和湖泊等水域。

在自然摄影师拍到的画面里，绝大多数时候它们都独自栖息在水边的树枝和岩石上，长时间一动不动地注视着水面。一旦发现水中有鱼虾游过，翠鸟会像一道蓝色闪电般冲入水中，使用它那细长而尖利的喙刺破水面捕捉猎物。由于光线在空气中和水中的折射不同，小鱼在水中的实际位置比看起来要更深一些，再加上水面的波动和小鱼的游动，翠鸟必须精准地预判位置才能捕捉到小鱼。唐代诗人钱起在《衔鱼翠鸟》中写道："有意莲叶间，瞥然下高树。擘破得潜鱼，一点翠光去。"生动地描绘了翠鸟捕鱼的过程。

每年4到7月份，我们都可以发现翠鸟在水边的土崖边或是堤岸的沙坡上挖洞，来建造自己的家园。它们之所以会选择这些地方筑巢，一方面这附近有充足的食物，可以为自己的后代储备，另一方面是把巢穴建在地洞之内，可以保证自己的安全。这样的土坡洞口很小，通常还有植被作为掩护，翠鸟的巢穴很难被发现。

和我们想象中的鸟儿用愣劲直接挖不同,它先是空中作业,宛如直升机一般悬停在空中,突然猛冲向选定的点,就这样一次又一次地用它那凿子一样的喙猛烈凿击土崖。每一次都是用了全力,每一次凿下去,都会挖

翠鸟

下一小块干涸的土,然后拨到一边去。直到凿成一个可以容身的小洞口后,普通翠鸟进入洞穴用喙继续凿土,同时快速甩动双脚,迅速将碎土扒出洞外。坑洞里的土、沙子以肉眼可见的速度迅速地被抛到坑外。绝大多数会打洞的动物挖掘出的洞穴都是弯弯曲曲的,但普通翠鸟的洞穴却与众不同,它们的洞穴笔直,不弯曲,也不设置"迷宫",总是笔直地向前延伸。如果在凿洞的过程中遇到大石块或树根,它们就会放弃这个洞,重新开始。完整版的翠鸟巢穴通常修成 30 度向上(这样雨水即使再大也灌不进来),而外侧的直径只有 10 厘米,直到凿了 50~100 厘米深,才会在洞的末端扩大成直径为 15 厘米的球形洞室。翠鸟选择狭长的巢穴,是为了阻挡比自己重好几倍的巨鸟入侵。

洞挖好了,还需要往洞中添加巢材。翠鸟选择的巢材很特别,绝对不用羽毛、兽毛,也不用柔软的小草,而是在洞室中垫上一层厚厚的鱼骨和鱼鳞。洞室内白骨累累的场景,就像是《西游记》中描绘的白骨洞。这样即使有外来者进入,也会被各

种鱼鳞、各种味道所吓退。进去之后,里面一片漆黑,再加上奇怪的味道,且走在里面发出咯吱咯吱的声音,很容易让外来者分不清是什么情况。曾有国外研究者用摄像头深入鸟巢内部,发现里面除了翠鸟一家,还有各色白色蛆虫在地面上忙碌着。翠鸟要在这些鱼骨鱼鳞堆上产下 5~7 枚卵,卵洁白而细腻,十分可爱。孵化期约 21 天,翠鸟夫妻会共同孵卵,但只由雌鸟喂养幼鸟,雄鸟出去捕食。

雏鸟全身淡黄色,背部略显透明。雏鸟孵出来后,翠鸟非常喜欢它们,生怕它们掉下来摔坏了,就会把它们往坑底挪一些。当亲鸟去觅食时,翠鸟宝宝们聚在一起挤来挤去。

同时为了避免巢穴被发现,翠鸟每次出入洞口都似箭一样,速度极快,让敌人难以发现其踪迹。每次在进洞前、出洞之后,它们还会在洞外观察一段时间,像极了特工。

## 鸳鸯

鸳指雄鸟,鸯指雌鸟,它们合称为"鸳鸯",属于雁形目鸭科。由于其外貌优美,颜值超高,成双成对,一直以来都是人类心目中浪漫爱情的代表。

早在《诗经·小雅·甫田之什》中就有"鸳鸯于飞,毕之罗之"的诗句,可见鸳鸯在周代时已经广为人知。在汉代,据文献记载,鸳鸯在皇家园林里被蓄养。在那个时期,如果你进入庭园,可能会看到五色睡莲和三十六对鸳鸯。

鸳鸯作为一个美好的象征,一直深受人们的喜爱。"得成比目何辞死，愿做鸳鸯不羡仙"，这首描写鸳鸯的唐诗，证明鸳鸯在当时被认为是双宿双飞的恋爱者。古代富有浪漫主义思想的文人从这个角度出发，对它十分看重。

鸳鸯之所以被看成爱情的象征，是因为人们见到的鸳鸯都是出双入对的。在历代的文献中，描写鸳鸯的诗词真的不少："春罗双鸳鸯，出自寒夜女""泥融飞燕子，沙暖睡鸳鸯""合昏尚知时，鸳鸯不独宿""桃花春木渌，水上鸳鸯浴""花际裴回双蛱蝶，池边顾步两鸳鸯""鸳立梅头泣唤鸯，鸯离梅园三顾鸳""鸳鸯鸳鸯何时聚，东去春来不知期"。

古代有不少形容鸳鸯的诗句，基本上都跟爱情有关系。古人认为鸳鸯是非常专情的鸟儿。直到今天的文学作品当中，无论是诗词歌赋，还是影视剧，鸳鸯都被用来形容夫妻之间的爱情。其实在早期，鸳鸯被用来形容兄弟之间的友谊，并不是形容爱情的。在三国时期有不少诗人的作品中都是用鸳鸯来形容兄弟之情。直到后来，人们不但用诗词来描写鸳鸯，更是将鸳鸯画在结婚时用的各种器物上。古人布置洞房，鸳鸯戏水的花纹是新人最喜欢的纹样。

在现代社会，人们渐渐摆脱了用鸳鸯来比喻爱情的传统观念。实际上，鸳鸯对爱情并没有那么专一。科学研究表明，鸳鸯在繁殖季节会多次换偶，甚至在交配期间也会出轨，鸳鸯只在蜜月期时是成双成对的。在这段时间里，雌性鸳鸯走到哪里，雄性鸳鸯都会紧随其后，表现非常好，不仅会帮助雌性鸳鸯梳理羽毛、不停爱抚，还会把找到的食物献给对方享用。

鸳鸯的食物很多，是一种杂食性鸟，既吃植物又吃动物，主要吃各种植物的种子，以及蜗牛和蜘蛛等小型陆生昆虫。鸳鸯并不以鱼作为主要食物。鸳鸯吃鱼只是偶尔为之，并非日常所需。鸳鸯的捕鱼技能也不如白鹭和鸬鹚，它们没有长嘴，也没有超强的视觉系统和潜水能力。

在鸳鸯繁殖的关键时期，雌性鸳鸯开启孵蛋大业，雄性鸳鸯则会退居到外围，担任起护卫工作。在这样的情况下，雄性鸳鸯需要自行解决食物问题。

夏季来临的时候，在水边，你会看到鸳鸯妈妈带着一大群小鸳鸯在水面上悠哉悠哉从你面前游过。这个时候你会惊奇地发现穿着华美外衣的雄性鸳鸯似乎消失了。

事实是，当天气变得炎热的时候，雄性鸳鸯的羽毛会开始褪色，并且换上与雌性鸳鸯相同的素色服装，华丽的婚装变成了朴素的家居服饰。你只要留心观察嘴巴的颜色，就可以轻松区分出两者。值得一提的是，雄性鸳鸯也会一起保护家中的后代。

每年秋冬季节，雌性鸳鸯便会重新换上华美的羽衣，并开始追求新伴侣。所以实际上，雄性鸳鸯仅会维持数十天的专一。

鸳鸯的生存哲学是安全第一。由于它们体形较小，飞行能力也一般，它们会采取躲避天敌的策略。它们会在大片水域的中央游来游去，远离陆地，这样能够获得较长的预警时间，以躲避天空中呼啸而来的捕食者。由于它们的捕鱼技能实在一般，只能偶尔吃到一些小鱼，因此鸳鸯的餐桌还是在水域两岸的陆地上，这些地方有各种各样的植物，为鸳鸯提供了丰富的食物来源。鸳鸯评估周围的安全形势之后，悄悄地来到岸上大快朵颐，再悄然离开。

## 水上飞的小䴙䴘

在水塘、湖泊、沼泽里，有一种身形很小、体形短圆、在水上随波漂荡的水鸟，它是我们常见的小䴙䴘。不懂鸟类知识的人往往以为它是一团浮在水面上的垃圾，实则不然。小䴙䴘在中国东部大部分开阔水面都能见到。

在民间和典籍里䴙䴘还有不少别名。俗称有油鸭（据说古人常用其脂膏涂刀剑以防锈）、刁鸭（《食疗本草》）、水鸽丁（《医林纂要》）、水葫芦（《中国动物图谱·鸟类》）、须蠃（《尔雅》）。

小䴙䴘属于䴙䴘科小䴙䴘属的"属长"，体形在这个科里算比较小的。它们的体长只有23~29厘米，相当迷你。在一年中，它们有两套不同的服装。繁殖期间，小䴙䴘的羽毛颜色更加鲜艳，喉部和前颈部偏红色，头顶和颈背部呈深灰褐色，上体褐色，下体偏灰，有明显黄色嘴斑，这是它在繁殖季节中的结婚礼服。过了这个季节，它们会换成一套偏灰褐色的伪装服，上半身灰褐色，下体接近水面的部分为白色。整个身体的配色也是五彩斑斓的。小䴙䴘的虹膜为黄色或褐色，嘴是黑色的，脚是蓝灰色的，趾尖为浅色。在水鸟中，它的相貌算得上出众的。

䴙䴘的捕鱼能力相当出色，我们在开阔水面见到它们的概率相当大，因为它们非常喜欢在远离岸边很远的地方生活。这可能是因为，在开阔水面，如有猛禽前来捕食可以有充足的预警时间来逃脱。䴙䴘是潜泳高手，一个猛子扎下去，直到十多米外才出现。水塘小了，就很难容纳如此强大的潜泳本领。而当它们真正感受到惊扰，在很近的距离发现威胁迫近时，会快速扇动起翅膀，双脚在水面上急速蹬踏，以凌波微步的状态，在水面上留下一串串涟漪。在一圈圈的水波之后，它们也不用飞远，而是飞进草丛中继续藏匿。

水边的芦苇和茂密的水草都是䴙䴘所喜爱的。它们会靠着这些植物搭建自己的小屋，营造出适合自己的巢穴。它们会把这些植物固定在水草上，这样就可以防止巢穴被流水冲走。

## 小精灵——暗绿绣眼鸟

暗绿绣眼鸟是半个拳头大小的鸟儿，上体黄绿色，下体白色，眼睛边上有白色的眼圈，这也是它的名字的由来。

暗绿绣眼鸟是城市里比较常见的鸟类之一。它们在树丛里穿梭跳跃，极为欢快。一年四季，我们都能发现它们的踪迹。在夏天，它们主要吃半翅目、膜翅目、直翅目等昆虫，鳞翅目成虫和幼虫、鞘翅目金龟甲、金花甲、象甲、叶甲、叩头虫和蝗虫、蜻象、蚜虫、瓢虫、螳螂、蚂蚁等。暗绿绣眼鸟的食谱变化很大，在不同的季节里，它们会吃不同种类的昆虫。

在冬季，暗绿绣眼鸟主要吃各种植物的种子。此外，它们还会吃蜂蜜，可以在枝头用嘴伸进花朵中寻找。在寻找食物的过程中，暗绿绣眼鸟通常成群出动，有时会达到五六十只。它们在花丛之间穿梭跳跃，寻找可口的食物。早晨是它们主要的就餐时间。为了躲避天敌，它们喜欢在树丛中穿行，纵横交错的枝条一点也不影响它们的跳跃。

当春天到来时，寻找暗绿绣眼鸟的身影就变得容易了。特别是在湿地边有花开放的地方，可以尝试着听听它们的声音，再去寻觅它们的身影。

## 枝头的歌者——大山雀

大山雀的长相比较独特，它黑白相间的头部与绿色的身体形成了与白头鹎略为相似的颜色搭配，不过与白头鹎相比，大山雀的个头要小一圈。大山雀的头部及喉部为黑色，而面颊则呈白色。翅膀为蓝灰色，并带有白色条纹，背部则呈绿色。胸部仿佛系了一根黑领带，一直延伸到腹部下方，雄性大山雀的"领带"稍宽一点。

山雀科的鸟类体形一般较小，只有10厘米左右，但大山雀却是这个家族中的大块头。它们原本被称为远东山雀，2022年改名为大山雀。大山雀能够长到15厘米，它的体形与麻雀相当。头部全黑色，很难看到两只小眼睛，但白脸颊的特征却十分明显，因此看到大山雀后仍然很容易辨认出来。它们的外套非常有特色，从正面看是黑白相间的西服，而从侧面看则呈现出灰蓝色，并带有一点橄榄绿色。这样的配色既时尚又俏皮。

大山雀是枝头的好奇宝宝。大山雀喜欢在大树上跳跃、攀爬，偶尔也会在地面寻找食物。在城市里，只要你静下心来仔细寻找，就会发现它们的身影，相比于麻雀，它们显得灵活秀气。只要你距离它们10米以外，它们可能会瞪着两只炯炯有神的大眼睛看你。这种情景也只是少数现象，多数情况下它们会在树枝之间蹦跳不停，让你没有办法判断它们的雌雄。

大山雀的日常食谱主要包括金花虫、金龟子、毒蛾幼虫、蚂蚁、蜂、松毛虫、蟊斯等昆虫。除了在树枝上吃虫子外，当食物短缺时，成年麻雀也成为它们的盘中餐。在捕食麻雀时，大山雀凶猛无比，毫不留情。

科学家利用枝条取样、收集虫粪和雏鸟食块三种方法采集大山雀雏鸟的食物，并研究它们的饮食习惯。结果表明，在森林中，大山雀主要以昆虫来喂养下一代。每窝雏鸟需要消耗1000个以上的食物块，数量之多着实让人吃惊。

在湿地旁，你经常可以听到那种有规律的金属一般的鸟鸣。这种类型的鸣叫通常是这个小不点发出来的。水边的植物可以给它们提供冬季的食物，水边生存的各类昆虫也是它们重要的食物来源。由于它们根本不挑食，食物的供给应该是相当有

大山雀

保证的。除此之外，它们还特别喜欢跳到浅水中去饮水、洗澡。

大山雀有一个十分特别的筑巢习惯，它们喜欢将各种杂七杂八的东西凑合在一起，以此建造自己的温馨小窝。通常情况

下，大山雀会想方设法寻找树洞、墙洞等隐蔽的地方作为自己的鸟巢。但是，如果它们在野外发现一个被别的鸟儿丢弃的老旧鸟巢，大山雀丝毫不会介意，只要稍加整理，这座鸟巢就可以成为它们新一年的家。我们人类经常在野外建造人工鸟巢，大山雀会直接将自己的窝搬进去。这种"凑合过日子"的懒惰理念，使得我们所悬挂的人工鸟巢，成了这种鸟儿的最爱。

## 戴胜——桂冠之鸟

戴胜最早出现在《诗经》中。《礼记·月令》中说，季春之月，"鸣鸠拂其羽，戴胜降于桑"。《吕氏春秋·季春》中也有类似的记录："戴任（胜）降于桑。"《淮南子·时则训》中写道："鸣鸠奋其羽，戴鵀降于桑。"因为戴胜喜欢在桑树下栖息，所以被大量记录和描绘。唐代诗人王建的《戴胜词》就生动描绘了戴胜在田间觅食的场景："戴胜谁与尔为名，木中作窠墙上鸣。声声催我急种谷，人家向田不归宿。紫冠采采褐羽斑，衔得蜻蜓飞过屋。可怜白鹭满绿池，不如戴胜知天时。"

戴胜这个名字源于它那顶像是古代部落首领头饰的羽冠，戴胜也被称为"鸡冠鸟""花蒲扇""发伞鸟"。古人在立春这一天用丝绸、帛缎等材料剪出华丽图案，称之为"华胜"，戴在头上。由于戴胜鸟拥有华丽的羽冠，就像人戴上"华胜"一般，因此得名"戴胜鸟"。

戴胜鸟的头饰羽也有着重要的作用。因为它们通常成群活动，一旦发现外来鸟类入侵，它们会将头上的羽毛展开，犹如折扇一样,用明显的标志警告外来者不要搞偷袭。

戴胜鸟身上的羽毛看起来是一套破旧的粗麻布衣服,有些像出家人穿的百衲衣,但在斑驳的灌木丛中却能够很好地隐蔽身体。因此,它们有时也被称为"山和尚"。当戴胜鸟静止不动时,就像是一名蹲在山间的狙击手,黑白翅膀贴在身上,伪装得十分完美。一旦它们飞起来,翅膀条纹就会非常显眼。这个现象看似匪夷所思,如果想到戴胜鸟是群居性鸟类,答案就不难理解了。只要有一只鸟发现附近有危险,它就会在起飞的同时用醒目的翅膀条纹向附近正在觅食的同伴示警。

戴胜鸟能够轻而易举地找到自己的美食,与它那又细又长又弯的嘴密不可分。这种嘴形状类似于医生手里的缝合针,可以轻松地穿透松软的泥土和草坪。

我曾经观察过戴胜鸟的进食行为。它们在农田和草坪上利用长嘴上下起伏地快速穿梭,直到发现地下的肥嫩虫子。然后,它们会猛地甩头将虫子抛起,张开嘴巴吞下去。它们以大胃王著称,金针虫、褐飞虱、步甲和天牛幼虫等害虫常常成为它们的美味佳肴。

戴胜鸟的进食姿态与啄木鸟挖虫非常相似,常常被人误认为是啄木鸟。然而,啄木鸟的嘴巴粗短。此外,戴胜鸟的飞行带有一定的波浪形,这也是与啄木鸟不同的特点。

据说戴胜鸟还有一个非常不好听的外号——"臭姑姑",这是怎么来的呢?原来它在繁殖季节会散发出一种臭味。这并不是脏东西的臭味,而是身体生产出来的油性物质,它们通过梳理羽毛将其涂抹于全身。它们之所以这样做,是因为它们生活的环境非常潮湿，各种小东西都会对它们的羽毛造成一定的影响。

## 无处不在的夜鹭

夜鹭一类的鸟通常以它们的特性为名。但实际情况并不总是如此。在过去五年中仔细观察后，我发现夜鹭并不总是在夜间活动的。它们更喜欢在早晨和傍晚时分活动，这段时间是夜鹭最活跃的时候，它们在空中盘旋、追逐，或者站在树枝上凝视着水面上的游动目标。一旦目标出现，它们就会扑向水面抓住小鱼。夜鹭的捕鱼方式也非常独特：对于较小的鱼，它们会用尖而硬的喙夹紧；对于稍大一些的鱼，先用上喙刺透鱼身，同时用上下喙合拢，紧紧捉住猎物。最有趣的是，每次捕鱼，当头部进入水中的那一刻，它们的眼睑会立刻遮住双眼，以避免水的污染和遭受意外伤害。在出水后，它们会快速恢复正常视力。

夜鹭通常会与白鹭、牛背鹭、池鹭等一起混群活动，它们有时会缩起脖子或独自梳理羽毛，安静地待在原地。但只要有人走到它们身边，它们就会突然从树丛中跑出来，发出粗犷而单调的叫声，展翅飞翔。透过观察夜鹭，在安静中能够体会到它们突然爆发出来的震撼力。

在我刚开始观鸟时，我一直以为夜鹭亚成鸟和成鸟是两种不同的鸟类，我十分疑惑。后来，当我学会查阅鸟类鉴定图册时，才恍然大悟，原来它们是同一种鸟儿。夜鹭亚成鸟身上长满了灰棕色羽毛和白色斑点,而成年夜鹭则有白色的肚皮和蓝灰色的羽毛,头上还长着两条小辫子。夜鹭需要 2~3 年的时间才能从亚成鸟变成成年鸟。

## 红隼——城市中的猛禽

红隼这种鸟的背部通常呈现棕红色,在电线杆上停着时非常明显,因此得名"红隼"。作为城市中常见的猛禽,红隼对于食物、住所等方面并没有太多要求。

红隼最主要的食物是鼠类。鼠类一般很难被发现,它们的踪迹很难被察觉。但是红隼能够敏锐地观察到老鼠尿液上反射出的紫外线,由此追寻老鼠的踪迹。猛禽类独特的视觉使得它们能比我们看到更多的光线。除此之外,它们可以借助气流在空中悬停。强大敏锐的目光可以轻易锁定老鼠的位置。一旦被盯上,小老鼠们幸存的可能性也就微乎其微了。

城市环境的改善,使得鼠类数量减少,红隼也要自谋出路。比它小一个数量级的鸟类就成为它们的捕食对象。麻雀是它们最好的选择,大小也合适,数量也不少。城市里众多的麻雀群就是红隼的粮仓。城市里逐渐增多的珠颈斑鸠虽然比红隼小不了多少,但是它们实际却空有肥胖的身体,战斗力几乎为零,面对红隼的猛烈突击,基本上没有什么还手之力。城市里的各种壁虎、大型昆虫、蝙蝠都是红隼的盘中餐。

红隼的住所也很有意思,它们能够在城市中生存下来,归功于它们敏锐的观察力和简单的建巢方式。只要有高大的建筑,红隼就可以在那里安心建造自己的家。我曾在某些铁塔的监控画面里看到它们偷偷藏匿其中,用干草搭建出简陋的巢穴。在那里,没有人干扰它们,红隼可以俯瞰周围的一切。

红隼并不总是直接筑巢。有时候,它们会采取强盗行径,夺取其他鸟类的巢穴。尤其是那些建在高处的喜鹊巢,往往成为被红隼攻占的对象。喜鹊平时的战斗力还不错,遇到红隼时,往往会感到力不从心,只能选择逃跑。

# 附图

五峙山鸟岛

黑脸琵鹭

中华凤头燕鸥

白头鹎

八哥

豆雁

黑水鸡

家燕

苍鹭

普通翠鸟

鸳鸯

小䴘

暗绿绣眼鸟

大山雀

戴胜

夜鹭

红隼

图书在版编目（CIP）数据

鸟类杂记 / 陈斌著. -- 秦皇岛 ：燕山大学出版社，2024.9
ISBN 978-7-81142-489-8

Ⅰ.①鸟… Ⅱ.①陈… Ⅲ.①鸟类—普及读物 Ⅳ.①Q959.7-49

中国国家版本馆 CIP 数据核字（2023）第 029021 号

# 鸟类杂记
NIAOLEI ZAJI

陈　斌　著

| | |
|---|---|
| 出 版 人： | 陈　玉 |
| 责任编辑： | 柯亚莉 |
| 封面设计： | 陈　斌 |
| 出版发行： | 燕山大学出版社 |
| 地　　址： | 河北省秦皇岛市河北大街西段 438 号 |
| 邮政编码： | 066004 |
| 电　　话： | 0335-8387555 |
| 印　　刷： | 舟山明煌印业有限公司 |
| 经　　销： | 全国新华书店 |

| | | | |
|---|---|---|---|
| 开　本： | 880mm×1230mm　1/32 | 印　张： | 7.375 |
| | | 字　数： | 165 千字 |
| 版　次： | 2024 年 9 月第 1 版 | 印　次： | 2024 年 9 月第 1 次印刷 |
| 书　号： | ISBN 978-7-81142-489-8 | | |
| 定　价： | 49.00 元 | | |

**版权所有　侵权必究**
如发生印刷、装订质量问题，读者可与出版社联系调换
联系电话：0335-8387718